1週 間腰圍速減 **10** CM！

骨盆枕美型體操

治療腰痛。伸展肩背。美腹瘦身。

Staying *Slim* and *Firm*

推薦序	纖體小道具，運動變有趣、健康無憂慮　簡文仁	004
推薦序	瘦身，要從骨架和肌肉開始　甘思元	006
自　序	改變體態，瘦出美型好曲線　黃如玉	008

Part 1 改變體態就會瘦

- **解構身體，知道胖從哪裡來** ———— 012
  - 從脊骨神經醫學，來看瘦身這件事 ———— 013
  - 肥胖關鍵1：肌肉和脂肪的分布不均 ———— 016
  - 肥胖關鍵2：脊椎和骨盆的歪斜變化 ———— 017
  - 新瘦身目標：體況健康、體態勻稱、體重合宜 ———— 022

- **自我檢測，找出體態大問題** ———— 024
  - 認識骨盆的歪斜狀態 ———— 024
    骨盆前傾｜骨盆後傾
  - 檢測自己的錯誤體態 ———— 028
    全身體態檢測法｜局部重點檢測法
    蹲姿檢測法｜腿型檢測法｜鞋底檢測法

- **核心鍛鍊，做好瘦身基本功** ———— 036
  - 核心肌群鍛鍊法 ———— 037
  - 骨盆底肌群鍛鍊法 ———— 039
  - 擴胸呼吸鍛鍊法 ———— 041

- **局部肥胖，善用纖體小撇步** ———— 046
  - 身體變厚，是因為肌肉用力過度 ———— 046
  - 輕鬆小撇步，消滅體態殺手 ———— 047
    胖脖子｜胖手臂｜胖肚子｜胖屁股
    胖大腿｜產後全身胖｜下半身浮腫

- **工作型態，也影響你的體態** ———— 052
  久坐族｜久站族｜低頭族｜電腦族｜主婦族

- **壓力情緒，會讓你不瘦反胖** ———— 060
  - 整體肥胖：靠吃發洩壓力 ———— 061
  - 局部肥胖：負面情緒作祟 ———— 063

目錄 *Contents*

Part 2 纖體枕全效瘦身操

- 為什麼要用纖體枕來瘦身？ —— 070
  - 什麼是纖體枕？ —— 070
  - 你可能還有的疑問 —— 073
  - 做好準備，開始動起來！ —— 077
- 呼吸、放鬆與伸展 —— 082
- 我的**手臂**變細了 —— 104
- 讓**小腹**一路平坦 —— 114
- 練出**美臀**俏曲線 —— 124
- 打造勻稱**美形腿** —— 134
- **全身**都要一起瘦 —— 144
- 舒緩**身心小毛病** —— 154

Part 3 清爽美人生活術

- 讓自己隨時隨地動起來 —— 164
  - 一週間速效纖體課程表 —— 164
    纖細上半身〔初階版〕〔進階版〕
    窈窕中段身〔初階版〕〔進階版〕
    緊實下半身〔初階版〕〔進階版〕
  - 你就是自己的健身教練 —— 172
  - 沒有纖體枕，你還可以這樣做 —— 173
    站出健康好體態｜坐著也能瘦小腹
    走得優雅又精神｜爬樓梯要有「意識」
  - 重點按摩，做好全身保養 —— 177
- 你的生活，也要一起瘦 —— 180
  - 想吃美食，也能變瘦嗎？ —— 180
  - 健康作息，變身樂活美人 —— 185
  - 選好鞋，同時健身又瘦身 —— 190
  - 穿對了，才能雕塑好身材 —— 192
- 身心靈平衡，瘦得更快樂 —— 196
  - 身體層面：要瘦就要動 —— 196
  - 心理層面：愉快面對每一天 —— 197
  - 靈性層面：維持正向的意念 —— 200

推薦序
纖體小道具，
運動變有趣、健康無憂慮

健康達人、物理治療師　簡文仁

　　肥胖是健康的潛在風險，減肥塑身已是全民運動，中外皆然。但它只是手段，目的還是要獲得健康，有人拚命減肥，實際上卻是在戕害健康，所以正確的方法十分重要，尤其要有實證學理的依據。

　　黃如玉醫師以她脊骨神經醫學的專業背景，從脊椎、骨盆、體態、整體的概念來探討減重、塑身、美姿、美儀，達到體重合宜、體態勻稱、體況健康的新瘦身目標。她體貼地將上班族常見的問題、局部肥胖的困擾，都詳細列明、分析並提出解決之道，更從身體、四肢，分門別類逐一示範，降低難度，規劃各種不同組合課程，讓讀者可以依圖文操練，都是很好的健身動作，很適合沒有運動習慣或剛開始瘦身的人持續練習。

　　物理治療師在臨床上，常使用一種圓柱型的泡棉滾筒，它有不同的直徑與長度，藉其特有的緊實與彈性，施用於不同的部位與動作，具有按摩紓壓、調整強化的效果。有很多人反應，用了這項小道具，運動變得更有趣，為了保持

身體的穩定,可以更強化肌肉的收縮,甚至改變肌肉的用力方式,只是要注意,有嚴重骨質疏鬆或脊椎滑脫問題、處於骨折癒合期的人必須避免使用。現在有聰明的製造者設計成充氣型款式,更方便攜帶,雖然失去了一些緊實感、力道差一些,但柔軟的絨布材質在使用時較不易造成運動傷害,仍不失其實用性,可以隨時隨地陪著你運動,保護你的脊椎、維持你的體態。尤其在辦公室裡使用,可以有效地舒緩肩頸僵硬與腰痠背痛。

多年來,我積極參與健康促進的推動,鼓勵大家過健康的生活,求得全方位的身心滿足。很高興黃如玉醫師這本書也提到很多實用的健康生活概念,而不只有減重瘦身,更不只是減肥塑身的花招罷了。我推薦這本書,樂見大家共同來推動健康生活,更希望全民都能將這些知識融入日常之中,獲得健康、享受健康。

推薦序

瘦身，
要從骨架和肌肉開始

國家運動選手御用健護教練　甘思元

瘦，是全天下女人的最愛。但是如何可以瘦？卻也一直是女人的最痛⋯⋯

能夠從身體的結構、功能與生活的形態來談瘦，我覺得是一件令人高興的事！事實上，胖與瘦本來就不單單只是肉多肉少的問題，其中牽涉的因素非常多，若只想從「少吃」或「多動」來下手，可能不一定會有效果，就算是一時有效果，也不一定可以持續。

這本書把胖瘦問題回歸到人最基本的關鍵基礎來談，是一種突破也是一種真知，與我一直提倡的運動健護概念可說是「英雄所見略同」，值得推薦。

一般人總是在意外表好看，卻往往忽略了身體內在結構的重要性。身體的骨架結構就像房子的樑柱結構，如果樑柱歪斜了，房子會好看嗎？所以，要追求瘦，就要先讓自己的骨架變成「會瘦的骨架」，若是根本的骨架或關節有問題，瘦恐怕是難以實現的夢想。

　　一般人喜歡看表面肌肉的大小來斷定人的胖瘦，卻忘記身體裡肌肉的鬆緊其實已經決定了人的「體積大小」。如果能從最靠近身體深層骨架的肌肉開始瘦起，這樣才會瘦得健康、扎實，而且有活力。

　　這本書教你的就是這樣的瘦身方法：用簡單、易懂的文字，分享輕鬆上手、不易復胖的知識、觀念與工具。我相信，你可以不必再用那些人云亦云的方法，就能讓自己更苗條；而接下來該做的就是，要在學會之後，持續下去把它變成生活的一部分，這樣瘦也將是你身體的一部分。加油！

自序
改變體態，
瘦出美型好曲線

Dr. Joyce　黃如玉

　　回到台灣之後，我的生活出現了很大的轉變。身為一個加拿大的脊骨神經醫師，自從進入這個領域，我就一直在從事全民保健教育和推廣方面的工作，希望有更多人能透過正確的知識與觀念，建立美好的生活習慣，達到更理想的健康狀態。而大家可能不知道的是……我還有另一種身分，就是個人運動教練和體重管理顧問，要教大家如何簡單地瘦、輕鬆地瘦，瘦得健康、瘦得漂亮！

　　雖然在平常的工作中，學員來找我大都是為了修正體態上的錯誤，以減緩長期的疼痛不適，但有不少人會發現，體態改變之後，自己的身材也變得更修長，寬厚的臀部變窄了、虎背熊腰不見了，連洋裝、裙子穿起來的感覺都不一樣，甚至原本穿不下的褲子都變得寬鬆，讓人直呼：「這真是太神奇了！」

　　的確，許多身體的改變都是非常奇妙的，有時候連我自己都感到不可思議。有一位住在新竹的媽媽，雙腿、膝蓋長年疼痛，做了我建議的運動之後，不但疼痛減緩許多，雙腿不再浮腫，腰圍和臀圍也變小了。另一位音樂老師，則是因為創傷經驗而導致長期背痛，她也在我們規劃下做了「對」的運動，改善了疼痛症狀，連原本的「厚背」也練成「薄身」，手臂線條變得很漂亮，讓她找回了自信。

　　看到學員們因為養成正確的體態而恢復健康、輕鬆瘦身，連帶也變得神采奕奕、自信樂觀，讓我的工作格外豐富而愉快。不過，也有一些學員因為生活忙碌或不習慣，一想到要做運動才能塑身減重或改善疼痛，總是提不起勁，希

望有「躺著就能瘦」，不必花太多時間力氣的「特效藥」。為了讓更多人愛上運動，我只好想些「有趣又方便」的方法，讓大家「寓瘦於樂」。除了根據個人需求設計客製化的運動課程之外，我也四處尋找好玩、好用的健身小物，而「纖體枕」就是我挖掘出來的小法寶。

可別小看這麼一個吹氣式的小抱枕，正因為它具備特定的彈性、造型與材質，只要按照正確的方法來使用，就可以更有效率地改善錯誤的體態，進而讓身材變得勻稱。對於不喜歡或懶得運動的人來說，這真的是「躺著就能瘦」的方法；而有運動習慣的人，如果搭配纖體枕來鍛鍊肌肉，不僅可以提高難度而加強效果，動作的變化也會更靈活豐富。無論你在「運動界」是「幼幼班」還是「高階班」，纖體枕都是理想的瘦身好幫手。

曾經，我在暑假兩個月裡就胖了八公斤，整張臉變得圓嘟嘟、雙下巴也有好幾層。後來，我雖然用盡了方法，靠著強烈的意志力又在一個月內狂瘦四公斤，但臉上卻冒出深淺不一的痘痘，又因為錯誤的運動方式，反而愈練愈壯成了「金剛芭比」。在歷經西方教育與生活的洗禮，以及切身摸索的嘗試，最後累積、結合了脊骨神經醫學知識與健身體重管理概念，我終於找到可以持續、快樂有趣、又確實有效的【纖體枕全效美型瘦身法】，也希望能和大家分享這份體驗。

每一次出版新書，我都有著滿滿的感謝，想謝謝與我生命有著美好交集的每個人：首先要謝謝參與製作《Dr. Joyce【纖體枕】全效美型瘦身法》的每一位工作夥伴，特別謝謝淑雯、玢玢和小鶴細膩、認真又充滿熱情地陪著我一起完成這本書，你們真的很棒！也要謝謝這幾年來一直支持我的讀者們，你們的熱情回饋，是讓我持續寫作的最大動力！最後，要謝謝我最親愛的家人給我的愛、溫暖和包容，我也很愛你們！

最後，將一切讚美、稱謝、感恩，歸給天上榮耀的父神。

Part 1

改變體態就會瘦

你是不是很懊惱，為什麼只喝水、吃沒味道的菜，卻還是瘦不下來？你是不是很納悶，竟然連脖子都會胖？你是不是很希望，體重已經在標準範圍內了，但手臂如果再細一點、屁股再翹一點、大腿再瘦一點，身材比例就更美了？

一提到瘦身，大家最先想到的敵人就是體重和脂肪。其實，就脊骨神經醫學的平衡理論來看，肥胖是一種失衡的現象，==緊繃的肌肉、歪斜的脊椎和錯誤的體態，都可能導致肌肉和脂肪的分布移位或改變比例，使我們最在意的脖子、手臂、腰臀、小腹或大腿顯得肥厚==，就算體重減輕了也瘦不下來；==而造成這些不良生理現象的成因，又常與失衡的飲食作息、姿勢習慣與心理情緒息息相關。==如果不針對這些源頭來改善，即使是拚命運動或不吃不喝，你最在意的局部肥胖還是會不動如山地維持原狀。

在本篇中，我們要徹底重建你的瘦身觀念，說明體態對肥胖的關鍵影響，生活中又有哪些你不知道的陷阱將導致體態的變化，形成頑強的局部肥胖。你可能會發現，消不下去的小腹不只是脂肪囤積，更是骨盆歪斜造成的；脖子變短變胖了，原來是因為肩胛骨外翻了……找到真正的癥結點，你才能用對的方法、以身體喜歡的模式，展開有效率又健康的瘦身計畫！

>>>

解構身體，
知道胖從哪裡來

即使是體重一樣的兩個人，只要脂肪的比例分布和骨盆的弧度位置有所不同，
就會在視覺上造成顯著的體態差異，給人胖瘦不同的感覺。
所以，別再迷信紙片人的身形和走偏鋒的減肥法了，
新瘦身目標──體況健康、體態勻稱、體重合宜，
才能讓你瘦得健康又漂亮！

提到「瘦身」，我們都想要瘦得健康、瘦得漂亮，更想要簡單地瘦、輕鬆地瘦，最好躺著就能瘦。許多人想用快速有效率的方法瘦下來，也許短期內的確看到了效果，讓人為之驚艷，但也因為方法太過激烈、或是難度很高，幾個月過後就無法繼續，一旦中斷，體重又慢慢回升，而復胖的數字可能比原先還要驚人！就這樣來來回回了幾次，信心、熱情都逐漸減退，在既失望又灰心的情緒下，於是決定放棄這條「瘦身之路」，只好自我安慰：「反正胖胖的也很可愛！」

我絕對不是大家想像中那種天生瘦的女生。從大學時代開始，我就不停嘗試各式各樣的瘦身方法，希望讓自己更好看、更窈窕；無論是斷食、節食、吃過水的食物、蔬菜湯、蘋果餐，或是做各種運動──跑步、溜冰、騎腳踏車、上健身房……激烈的、溫和的幾乎都試過。甚

至為了能有效又科學地瘦下來，念完醫學院之後，我還去考了個人健身教練以及體重管理顧問的執照。

歸納這麼長久的個人經驗，加上所累積的學理知識，我發現到頭來，**「瘦身」能不能成功的關鍵，不是在於你「需要多久瘦下來」，而是用這個方法，你「可以持續多久而不放棄」！更重要的是，你一定要先知道自己「胖在哪裡」、「為何而胖」，才能一舉「命中目標」，把想瘦的地方瘦下來。**

這本書，就是為了幫助你達成這個美好的目標而誕生的。知其然，更要知其所以然，在第一階段，我將以「脊骨神經醫學」的身心靈平衡理論為本，教你認識自己的體況與體態，建立正確的瘦身態度；第二階段再搭配健身觀念中塑造「身體緊實度」的運動技巧，以簡易方便的瘦身工具——「纖體枕」，設計系統化的全效瘦身操，讓你實際應用；第三階段則從飲食作息、日常習慣和身心保養等層面，補充運動之外的瘦身生活法則，讓你用「對而簡單」的【纖體枕全效美型瘦身法】，打造標準體態，成為健康纖細、好感度百分百的清爽美人！

從脊骨神經醫學，來看瘦身這件事

要克服「肥胖」，一定要先了解肥胖是怎麼產生、如何導致，才能知道如何用最有效率的方法來解決問題。首先，我們就從身體的組成開始談起吧！我經常將身體比喻成一棟房子——

- **脊椎**：像是身體的鋼筋骨架，架住了身體最主要的體態呈現。
- **骨盆**：像是身體的地基，是讓這棟房子能夠穩固的最基本要素。
- **其他的軟組織，例如肌肉和脂肪**：像是身體的內牆和外牆，層層包圍保護著內部的器官結構，以維持各器官的正常運作。
- **血管和神經**：這些傳輸資訊和養分、氧氣的管線，當然也不可或缺。它們將身體各處的資訊送達中樞處理系統——腦部，同時讓大腦支配資源到身體各處；當充足的養分和氧氣都能準確供應給身體的組織、細胞時，全身上下的運作才能發揮最大效率。

這些身體構造的運作順暢與否，將決定你的體況，也將影響你呈現出來的體態，和你的瘦身大計更有著密切的關連。

身心靈的平衡不可或缺

「脊骨神經醫學」有一項很重要的理論基礎，就是「平衡」的觀念。**所謂「平衡」，是指身體、心理和靈性上的平衡，以及脊椎、骨骼、神經、肌肉等各部位平衡而協調的運作。**如此一來，身體就會處於和諧狀態，器官會各司其職有效率地運作，體內肌肉和脂肪的比例也會分布均勻，體重不會過重或過輕。而當身體「失衡」時，我們會先以本能的反應作為因應對策，直到對策也失效了，或是情況已經累積許久，讓身體也察覺到自己的變化了，才會開始尋求解決的辦法。

你一定很好奇，那身體在什麼樣的情況下會「失衡」呢？簡單來說，只要是違反生理基本需求，都可能讓身體啟動對應的機制。例如：

- **飲食失調**：食物所含的甜分太高、澱粉過多，就可能讓腸胃道的蠕動失衡，導致排便不順暢，而使體內累積過多的毒素。
- **睡眠不足**：習慣熬夜到太晚，影響到生理作息的規律，也因此在早晨需要大量營養和能量時，過於疲憊而沒有食慾；身體在白天熱量攝取不夠，等到傍晚以後才感受到飢餓，這時又吃下過多的熱量，卻沒有充足的時間可以消耗掉。
- **運動不良**：運動量不足或運動習慣錯誤，將使身體無法充分循環、獲得養分；在過於疲累時運動，身體消耗熱量的效率也會大打折扣。

這些狀況都有可能導致身體失衡，破壞原本美好的運作機制。

肥胖就是一種失衡現象

那身體失衡和「肥胖」又有什麼關連呢？形成肥胖的因素主要有：

- **能量的失衡**：使得身體中的肌肉和脂肪分布比例錯誤，過多的能量被儲存在身體認知有所需求的部位，而形成整體或是局部的肥胖。
- **體態的失衡**：導致特定部位的肌肉過度使用而特別肥厚，雖然體重標準、也不顯胖，可是某些地方的肉就是瘦不下來，摸起來還硬硬的，甚至很努力運動了，還是愈來愈壯碩，練不出纖細的感覺。
- **情緒、工作型態、習慣作息等生活環節的失衡**：可能造成身體在能量或體態上的改變，進而呈現出各種肥胖現象。

由此可知，肥胖其實就是一種失衡現象，而且不只是飲食的失衡，也有可能是由體態、生活或情緒這些比較隱晦的問題所引發。而這樣的

失衡狀態可不是靠不吃不喝或拚命運動就能有效解決的，如果只是用這種激烈手段對抗肥胖，也許第一時間會看到體重漂亮地消減，但對於身體所造成的後遺症則令人憂心，美體、美姿的效果也相對有限。

肥胖關鍵 1：肌肉和脂肪的分布不均

能量供過於求，脂肪就會囤積在體內

軟組織中的脂肪，最主要的用途就在於儲存及分配能量。當身體需要能量的時候，可以由全身上下的脂肪來提供，也就是一種供需平衡的機制；當供給大過於需求，多餘的能量就會以脂肪的形式儲存在體內，提供身體在未來有需要的時候使用。

此外，脂肪的另一個重要工作是在遭遇震動、撞擊時，減緩對身體的衝擊和保護內臟器官。也因此，脂肪細胞會依據身體的活動和需要，自動散布在皮膚和肌肉中間，以及肌肉本身之中。換句話說，**當身體能量的供需已經供過於求，肌肉又因為缺乏鍛鍊而變小，脂肪的堆積就會變多，整體的體脂肪比例過高時，就是我們所認知的「肥胖」。**

不良生活習慣，也會改變脂肪的分布

體脂肪的分布狀況，會隨著日常生活型態不同而有所差異，所以肥胖的呈現也有可能是整體或局部。例如經常坐在辦公室裡而缺乏運動的

女性，脂肪多半會累積在骨盆一帶，這是因為多餘的脂肪會累積在身體認為最有需要的部位，而就人體的本能來說，生育下一代是非常重要的工作，也因此身體會自主性地將脂肪堆積在生殖系統附近，用來保護這裡的器官。這也是為什麼過了青春期之後，如果沒有適當運動，女性的臀部、腹部、大腿等部位，通常都很難瘦下來。

正因為身體的軟組織是軟的，會隨著平時的姿勢、體態，以及用力、受力的方式而產生變化，直接或間接影響肌肉的彈性及脂肪的分布；換句話說，你的姿勢、體態、生活習慣，都會直接改變你的身形，進一步影響到軟組織的分布狀態而造成「肥胖」，某些部位如頸部後方、手臂、小腹、臀部、大腿，也會特別肥厚。這時就要從改變生活習慣做起，才能締造更有效率的瘦身成績。

肥胖關鍵 2：脊椎和骨盆的歪斜變化

脊椎和周邊的肌群會互相牽動

我們的身體，在靜態或動態之下都需要承受一定的重量，而且要收縮肌肉來做支撐或是提舉、搬運、推拉等動作。身體中總共有206塊骨頭，每一塊都是由肌腱、肌肉、韌帶等軟組織相連而串起；其中支撐軀幹的骨頭，也就是「脊椎」，是由一塊塊的椎骨堆疊而成。

脊椎是由頸部的7塊頸椎、背部的12塊胸椎、腰部的5塊腰椎，以及骨

你不知道的肥胖陷阱

廚房的設計也可能導致局部肥胖？

　　常在廚房裡忙碌的婦女可能會發現，自己的身體似乎愈來愈厚、手臂愈來愈粗、甚至脖子也變得愈來愈短，難道這都和年紀大了有關嗎？

　　原來，許多家庭中廚房的設計，並沒有事先測量、規劃好高度，流理台可能太低，於是在做洗滌、切菜等動作時，需要彎著腰、駝著背，加上又需要低頭，長期下來脖子、肩膀的負擔太大，脊椎弧度改變，頸部連接胸椎的肌肉就會格外發達，導致脖子、肩膀變得緊繃而肥厚。

　　另外，如果瓦斯爐的位置太高、鍋子太重，在煮菜的過程中，肩膀會不自主地聳起，提起鍋子時，則會讓肩胛骨周遭的肌肉過度使用，造成肩胛骨外翻。你是不是到現在才赫然發現，原來一個小小的廚房，竟然暗藏了這麼多可能造成「局部肥胖」的元兇？

流理台高度不對、或是廚具太重，都會導致局部肌肉過度使用而變厚。

盆帶的薦椎加上尾椎所組成。在胸椎兩旁各有12根肋骨，由身體軀幹的兩側環繞到胸前的胸骨，保護上半身的內臟器官；而薦椎左右兩側也有髖骨形成盆子狀的骨盆，保護著泌尿系統、下消化道和生殖系統。

在肋骨下緣到骨盆，雖然只有腰椎支撐，不過環繞在此處的**「核心肌群」**，是身體中非常關鍵的肌群，同樣扮演著保護內臟的重要角色。骨盆的最底部則有**「骨盆底肌群」**，像個袋子的形狀一樣，把骨盆裡的內臟器官更緊密地包覆住。「肌群」顧名思義，就是由好幾條肌肉層層堆疊所組成的肌肉群，由於是軟組織，使得身體具有更高的活動度，可以自然地坐著、彎腰、跑步、跳躍等做出多元的動作。

脊椎的外層，也有一層層的大肌肉和小肌肉，由不同的方向、深度，包覆保護著身體；當各層的肌肉是前後、左右、上下平衡時，身體的活動度和柔軟度就能維持在最佳狀態。脊椎本身則是由前往後呈現出S形的彎度，支撐重量時可以更有效率，也能讓身體在遭遇突發的衝擊力時有緩衝的空間。

脊椎外層的肌肉和脊椎本身，都有可能因為不良體態而相互影響。也就是說，**緊繃、不協調的肌肉可能會讓脊椎應有的弧度變彎或變直；而太彎或太直的脊椎，也有可能讓周遭的肌肉變得僵硬而肥厚。**

••• 骨盆正了，身材才會變正

身體有著奇妙又充滿智慧的機制，可以讓需要承受重量的部位產生力量，需要保護的地方得以被保護。這也是為什麼每個人會因為習慣的

差異,而衍生出不同的體態、步態,或是累積成各種疼痛、病症等。要打破累積許久的身體慣性,就要先改變受力和用力的模式,搭配伸展運動讓過去僵硬的肌肉得以放鬆,才有可能改變肌肉的狀態,進而減少局部性的肥胖。

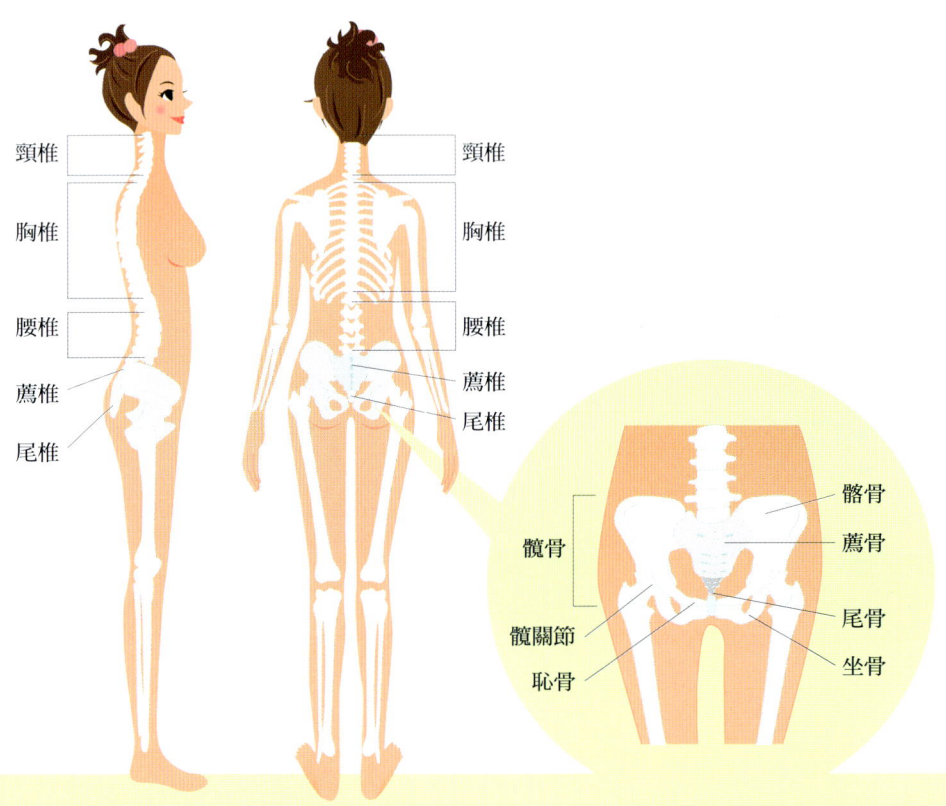

脊椎示意圖 脊椎是由7塊頸椎、12塊胸椎、5塊腰椎,以及骨盆帶的薦椎加上尾椎所組成,由前往後呈現出S形的彎度,來支撐身體的重量,也讓身體遭遇衝擊時有緩衝的空間。而骨盆位於脊椎最下端,同時是身體重心所在,一旦承受外力改變而歪斜,就會牽動周遭肌肉,造成體態變化。

前面提到，脊椎是由一塊塊椎骨堆疊成S形的弧度，來支撐身體重量；當受力模式錯誤時，肌肉就會相對緊繃，而使體態變化。最常見的例子，就是因為「骨盆不正」，而讓小腹、臀部、大腿這一個區塊始終瘦不下來，還「愈減愈肥」，不知道問題出在哪兒？

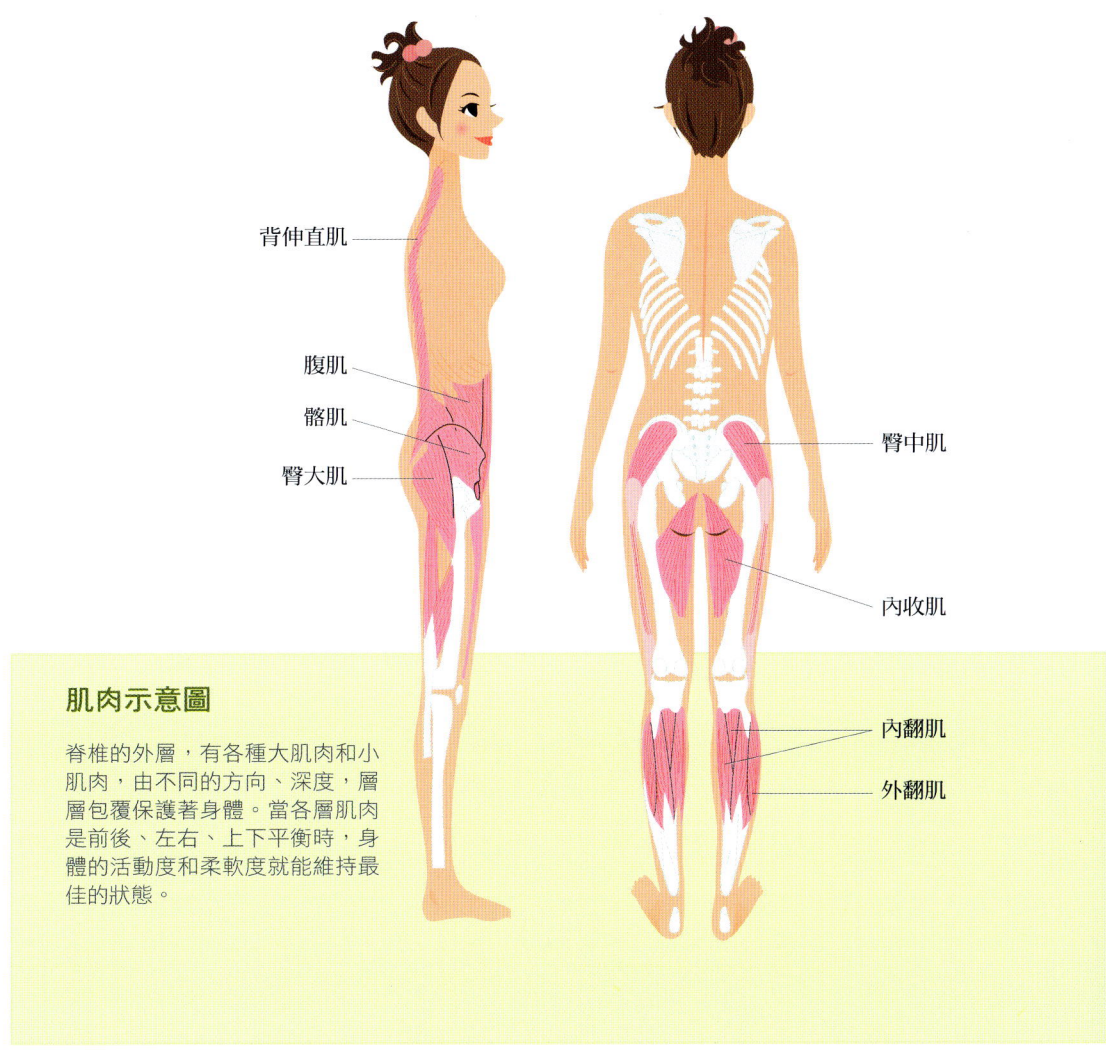

肌肉示意圖

脊椎的外層，有各種大肌肉和小肌肉，由不同的方向、深度，層層包覆保護著身體。當各層肌肉是前後、左右、上下平衡時，身體的活動度和柔軟度就能維持最佳的狀態。

Part1 Shape Your Mind

骨盆的位置，是從腰部連接到臀部，直到大腿上端這一帶，以及前方腹部到鼠蹊部。因為骨盆位於脊椎的最下端，構造上除了要保護內臟器官，同時是身體重心所在，當骨盆位置因為某種習慣而遭受外力改變時，周遭大大小小的肌肉就會受到牽連。例如，走路時用力錯誤，就可能使髖關節旁的肌肉變厚實，臀部比例顯得特別寬；腰部過於緊繃，會讓腹部肌肉始終很突出，看起來小腹特別大。

新瘦身目標：體況健康、體態勻稱、體重合宜

現在，你已經知道，你最在意的局部肥胖問題，癥結就在於肌肉與脂肪的分布不均，以及脊椎與骨盆的歪斜變化。其實，身體的運作很精密，但也很單純，只要知道了層層相扣的連帶成因，就能運用最基本的生理機制來進行最自然的調整修正，瘦得輕鬆而健康。

••• 養成運動習慣，提高基礎代謝

面對脂肪的囤積，最重要的就是找到適合自己的運動方式，每天能持續進行而不覺困難。當你養成運動的習慣，身體的「基礎代謝率」會逐漸提高，就更不容易發胖了！

什麼是「基礎代謝率」呢？人體不只在運動的時候會消耗熱量，在進行睡覺、上班、通車、看電視等所有活動中，都會消耗熱量，熱量的消耗比率則會和身體的肌肉量呈正比。也就是說，身體中肌肉比例較

高的人,基礎代謝率也比較高,即使在不運動的時間裡也會消耗較高的熱量,因此比較不會囤積脂肪,減重後復胖的時間也比較慢。

••• 注意生活作息,維持良好體態

至於體態的歪斜,一方面要以運動鍛鍊來矯正,另一方面則要維持健康的作息和正確的姿勢,減少脂肪的囤積與肌肉的過度用力,才能減掉多出的贅肉,恢復理想的脊椎弧度,讓身體顯現優美曲線。

台灣女性煩惱的身材問題,與其說是要消滅整體肥胖的「減肥」,其實更接近於根除局部肥胖的「塑身」。就算是體重一樣的兩個人,只要脂肪和肌肉的比例分布或是脊椎和骨盆的弧度位置有所不同,就會在視覺上造成顯著的體態差異,給人胖瘦不同的感覺。再加上現代的生活風尚對於養生、健身的觀念都有很大躍進,紙片人的身形和走偏鋒的減肥法已不合時宜,我們應該以**【體況健康、體態勻稱、體重合宜】為新瘦身目標,全方位來照顧和珍惜自己的身體。**

瞭解了體態對於瘦身的影響與作用,接著我們就來檢測看看你的身材有什麼問題,再來幫助你瘦下最傷腦筋的部位!

自我檢測，找出體態大問題

常穿高跟鞋不是會讓體態變美嗎，怎麼反而變成小腹婆？
再怎麼努力減肥，臀部永遠還是寬寬、垂垂、扁扁的？
碰到這些狀況時，先回頭檢測一下自己的體態吧！
身體重心如果放錯了，導致用力方式錯誤，
再怎麼練都不可能瘦下來！

體態的形成，「習慣」絕對是最主要的關鍵。習慣性駝背、錯誤的用力方式、重心擺放的位置不對等，都會影響到體態的發展，進一步影響瘦身的成效。在開始瘦身之前，先瞭解自己體態上的問題，再針對錯誤來調整，才會瘦到真正想瘦的地方。

認識骨盆的歪斜狀態

前面提過，位於脊椎最下方，身體的重心所在就是「骨盆」；而身體重心習慣擺放的位置，會直接影響到身體往上及往下的用力方式。也就是說，當身體的重心位置放錯，亦即骨盆歪斜時，往上造成的改變可能是腹肌無力、小腹突出、駝背、胸部下垂、頭頸前傾、脖子的比例變短等；往下造成的改變則會讓大腿變粗、大腿內側鬆軟、腿部肌

肉失衡、雙腿浮腫、造成蘿蔔腿、O型腿、X型腿、走路內八或外八等情況。而骨盆歪斜的狀態主要有兩種：

••• 骨盆前傾：腰椎弧度變彎，小腹鬆垮突出

歪斜狀態

當腰椎的弧度變大，也就是變得更彎的時候，相對地骨盆會有一個前傾的角度（見26頁圖解），使得後腰的肌肉要持續收縮用力；而腹部為了讓身體能夠前後平衡，就必須持續地放鬆，以致於腹肌變得鬆垮無力，也就變成大家口中的「小腹婆」了！

矯正方式

骨盆前傾的人，小腹也許不見得很大，但是一定很鬆垮！在鍛鍊腹肌之前，首先要把大腿後側和下背部，也就是後腰的肌肉拉開，效果才會更好。

平常坐在辦公室的位子或是家裡的沙發上時，都可以將身體往前下方彎曲；站立的時候除了要提醒自己縮小腹，還可以盡量做彎腰讓手碰地的動作。只要找到機會就拉伸後腰和大腿後側，增強身體的柔軟度，然後再配合其他核心肌群的鍛鍊，當骨盆變正了，小腹也會變得平坦又緊實。

不過要注意的是：腰椎有椎間盤突出、滑脫、斷裂骨折等病史的人，必須避免彎腰，所以做特定動作時請先諮詢專業醫師。

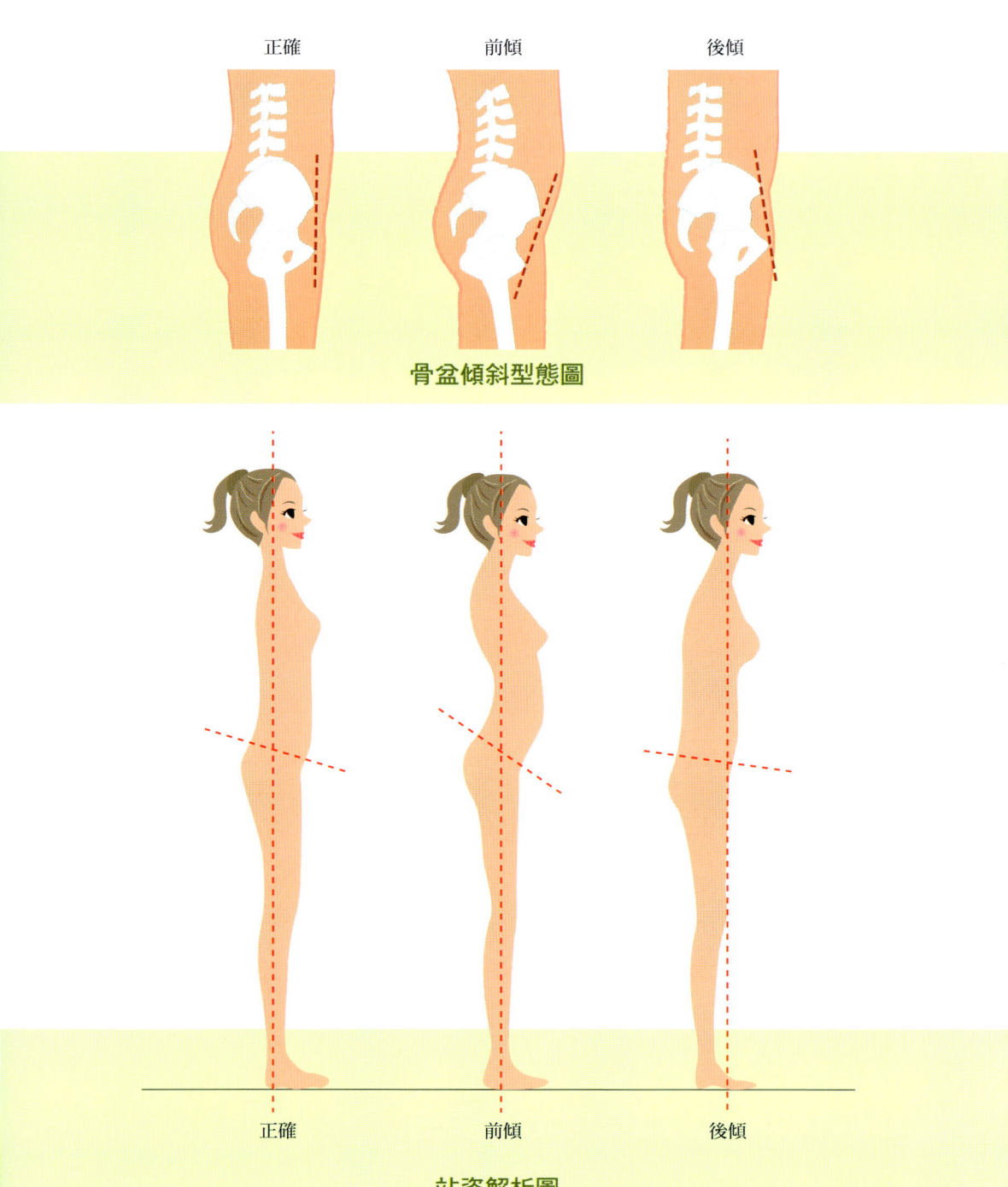

••• 骨盆後傾：腰椎弧度變直，臀部寬扁下垂

歪斜狀態

相反的情況，當骨盆往後傾，腰椎弧度變直的時候，身體會有「挺不起來」的感覺，站立、走路的重心都是偏後的（見26頁圖解）。

這一類型的人，臀部看起來都會扁扁、垂垂、寬寬的，想把臀部的肉減掉幾乎是不可能的任務；比較嚴重的情況，髖關節旁還會有多出來的贅肉，比例上看起來屁股很寬、很大，這都是體態不正所造成的！

矯正方式

平常做體態調整課程時，看到骨盆後傾的學員，我都會請他們做「翹屁股」的練習，也就是上半身不動，讓下半身往後挺起，藉此鍛鍊腰椎的弧度。

許多人剛開始很難習慣不一樣的體態變化，總覺得這種姿勢「怪怪的」，像是刻意把屁股翹得老高，其實客觀地從旁觀察，把腰椎弧度鍛鍊起來才是正確的體態。

而無論是骨盆前傾或後傾，都需要鍛鍊核心肌群和骨盆底肌群，讓這兩大塊肌群具備足夠的平衡與力量，改變身體習慣的重心，才能減少肌肉的過度使用，同時改變脂肪分布型態，讓身材變得勻稱又纖細！

你不知道的肥胖陷阱

常穿高跟鞋，反而會變成小腹婆？

骨盆前傾的體態，很容易會發生在常穿高跟鞋的女性身上。因為高跟鞋的後腳跟是被迫托高的，身體為了達成平衡，骨盆需要往前提起，腰椎則會形成一個特別彎的彎度（走路時才不會摔倒），腹部就要被迫放鬆。久而久之，雖然穿高跟鞋時，看起來整個人很挺、臀部很翹，腹部卻也無法受到鍛鍊，而變得相對無力，腹肌就鬆垮垮地挺出來了，不能不注意呢！（選購鞋子和穿著高跟鞋的建議，請參考190～194頁）

正確體態所呈現的身體中心線應如左圖所示；穿上高跟鞋之後則會如右圖，身體的重心被迫前提，也同時讓前足承受更多壓力——1吋高的鞋跟會增加22％的壓力；2吋高是57％；3吋高則是76％。

檢測自己的錯誤體態

要知道自己的體態哪裡有問題，最簡單的方法就是用「看的」。以下將介紹各種全身和局部體態檢測法，如果發現自己已經有了偏差，在每個檢測結果之後也標示了可以修正這些問題的纖體枕全效瘦身操，你可以立刻翻閱到指定頁數，即時展開調整體態大作戰！

••• 全身體態檢測法

背面的觀察

從背面檢測體態時，要注意以下幾個重點：

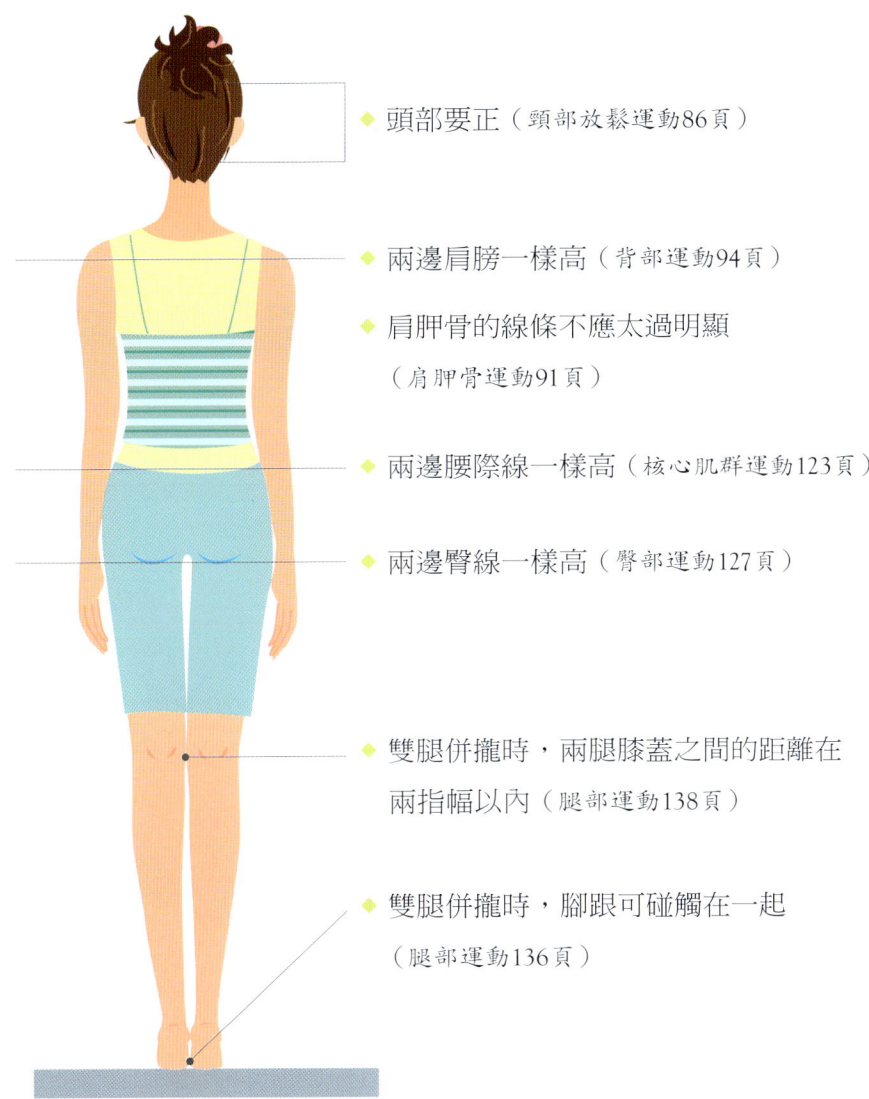

- 頭部要正（頸部放鬆運動86頁）
- 兩邊肩膀一樣高（背部運動94頁）
- 肩胛骨的線條不應太過明顯（肩胛骨運動91頁）
- 兩邊腰際線一樣高（核心肌群運動123頁）
- 兩邊臀線一樣高（臀部運動127頁）
- 雙腿併攏時，兩腿膝蓋之間的距離在兩指幅以內（腿部運動138頁）
- 雙腿併攏時，腳跟可碰觸在一起（腿部運動136頁）

側面的觀察

將身體完全貼近牆面,直接碰觸到牆面的部位應有:

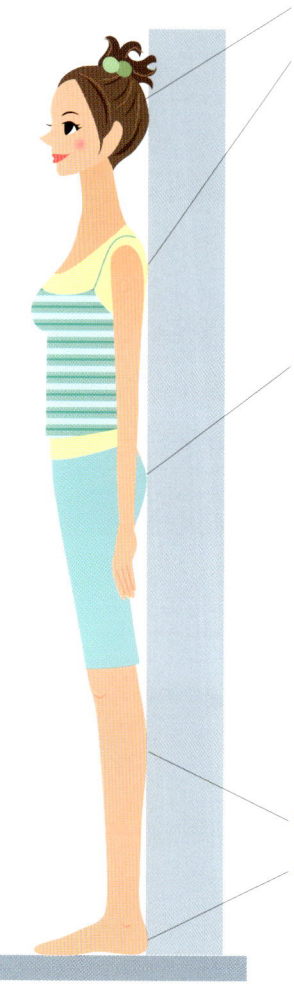

① 後腦勺

② 肩膀上緣、上背部、肩胛骨、上手臂
- ◆ 只有背部碰得到牆壁,其他部位都碰不到,表示駝背很嚴重。(背部運動97頁)
- ◆ 只有肩胛骨內緣和上背部碰得到牆壁,肩膀和手臂都碰不到,表示肩胛骨外翻。(手臂運動109頁)

③ 臀部
- ◆ 腰部離牆壁很遠,超過一個拳頭的寬度,表示骨盆前傾。(核心肌群運動117頁)
- ◆ 腰部離牆壁很近,少於一個拳頭的寬度,或是可以直接碰到牆壁,表示骨盆後傾。(核心肌群運動129頁)
- ◆ 大腿後側離牆壁很近、或是可以直接碰到牆壁,表示大腿前側肌肉過於虛弱,或是大腿過粗和身體比例不符。(腿部運動142頁)

④ 小腿肚中心

⑤ 腳跟後側
- ◆ 腳跟後側碰不到牆壁,表示身體站立和走路時的重心錯誤。(腿部運動138頁)

••• 局部重點檢測法

當你對自己整體的體態有了初步的認知,還可以從細節中找出比較明顯的缺失,再進一步修正、調校,就會瘦得更快更漂亮囉!

後頸部橫紋

輕鬆坐著的時候,請家人或朋友從後方觀察後頸部的線條——

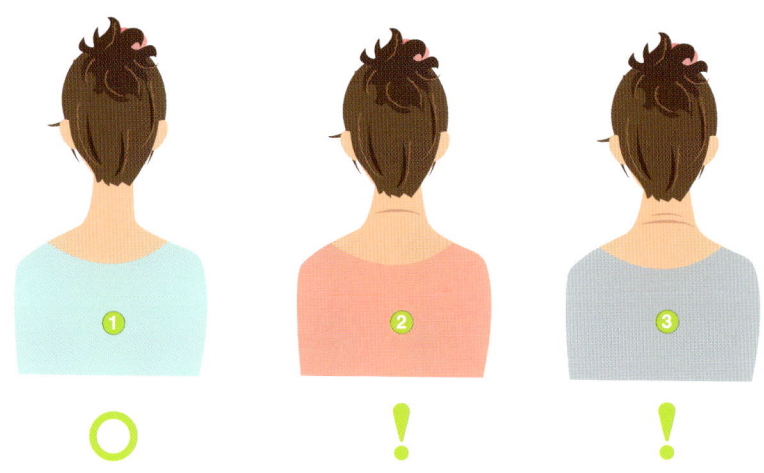

❶ 在正常情況下,脖子不會有任何深刻的皺褶。

❷ 脖子根部有一道橫紋,表示頭頸前傾。(頸部放鬆運動88頁)

❸ 脖子根部有一道以上的橫紋,表示頭頸前傾相當嚴重也累積很久。
(頸部放鬆運動96頁)

肩胛骨線條

放鬆的時候,請家人或朋友從後方觀察背部肩胛骨的線條——

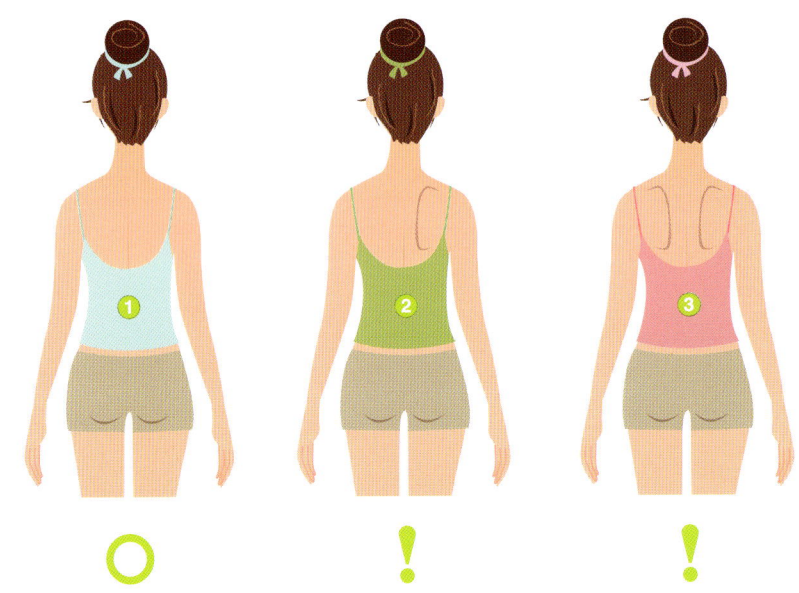

❶ 在正常情況下,肩胛骨的線條不會太明顯。
❷ 肩胛骨線條一邊很明顯、一邊則不是,表示兩隻手臂的用力習慣相差太多,或是可能有脊椎側彎的狀況,除了做運動改善,最好諮詢專業醫師以確認脊椎的健康。(手臂運動106頁)
❸ 兩邊肩胛骨的線條都很明顯,表示肩胛骨外翻。(肩胛骨運動97頁)

仰躺屈膝（大腿、背肌柔軟度）

仰躺的時候，將膝蓋併攏彎曲靠近胸口，雙手環抱住小腿——

① 在正常情況下，大腿可以貼近身體。

② 大腿距離身體很遠，表示臀部的肌肉不協調，背部肌肉太僵硬。（腿部運動137頁）

③ 大腿貼近身體時，膝蓋無法併攏，表示大腿肌肉不協調，負重失衡。（腿部運動140頁）

單腳站立（身體重心）

站立時單腳提起，膝蓋和髖關節彎曲九十度，觀察自己的平衡感──

❶ 在正常情況下，雙腿應該都能單腳支撐身體，大約停留10秒。
❷ 一隻腳在單腳支撐時特別會晃動，另一隻還好，表示身體的重心習慣擺在比較能支撐的那一側。（核心肌群運動130頁）
❸ 兩腳在單腳支撐時都晃動得很嚴重，表示腹部、臀部和大腿肌肉的協調性不足。（腹部運動123頁）

••• 蹲姿檢測法

試著蹲下來，觀察自己的膝蓋和腳跟──

❶ 在正常情況下，蹲著的時候可以膝蓋併攏、腳底併攏，腳跟著地，雙手輕鬆地放在膝蓋上。
❷ 蹲著的時候膝蓋無法併攏，表示腿部肌肉不協調。（腿部運動137頁）
❸ 蹲著的時候腳跟無法著地，表示腿部肌肉過於緊繃。（腿部運動136頁）

••• 腿型檢測法

輕鬆站立、雙腳併攏時,請家人或朋友從後方觀察兩腿膝蓋的距離——

1. 正常情況下,兩腿膝蓋的距離應在兩指的寬度以內。
2. 如果腳底併攏,兩腿膝蓋的距離超過兩指寬,表示有O型腿。(腿部運動139頁)
3. 如果膝蓋併攏,兩腳的腳底無法併攏會分開,表示有X型腿。(伸展運動101頁)

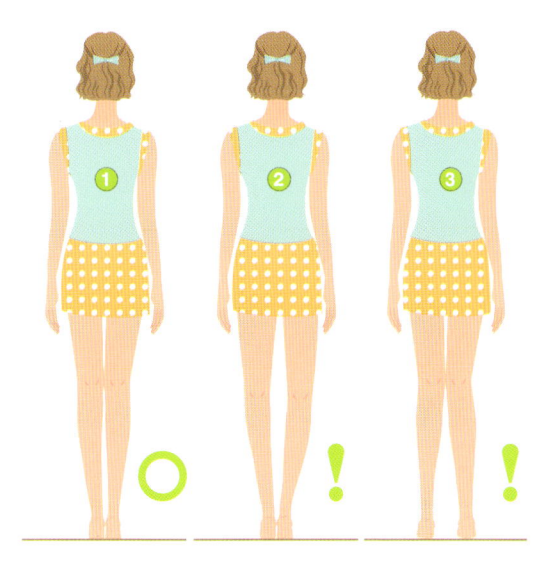

••• 鞋底檢測法

找出自己最常穿的鞋子,觀察底部磨損的情況——

1. 在正常情況下,鞋跟外側會磨損得最嚴重,而且兩邊對稱。
2. 有一隻鞋磨損的狀況比另一隻鞋嚴重許多,表示身體的重心偏向磨損多的那一邊。(核心肌群運動118頁)
3. 兩隻鞋同時都磨損在前足的位置,表示身體重心太過於前傾,或是腿部肌肉不協調。(伸展運動102頁)

核心鍛鍊，做好瘦身基本功

想要讓肌肉緊實，雕塑出優美的身體曲線，
就要有意識地收縮深層的肌肉，同時配合淺層肌肉的訓練，
藉此改變體態、改變身體原有的用力習慣。
而第一門基本功就是：
鍛鍊核心肌群和骨盆底肌群，並且學會正確的呼吸法。

檢測完體態，接下來就要進入實際鍛鍊的功課了。而第一門要學會的基本功就是：**鍛鍊核心肌群和骨盆底肌群，並且學會正確的呼吸法。**習慣於正確的用力與呼吸模式，你才能更有效地感受、駕馭自己的身體，也才能邁向第二階段，進一步利用纖體枕來瘦身與塑身。

肌群之所以被稱為「肌群」，是因為肌肉不只有一層，而是由深淺不一、大小不同的肌肉層層相扣所形成。因此做訓練或瘦身時，必須多方兼顧並持續執行，而非單純鍛鍊一個方向或同樣部位的肌肉。所謂的多方兼顧，並不是要每天做大量運動、不停跑步，而是有意識地收縮深層肌肉，同時配合淺層肌肉的訓練，藉此改變體態與身體原有的用力習慣，進而緊實想瘦下來的肌肉，自然能雕塑出優美曲線。

首先，我們要了解深層肌肉、淺層肌肉在哪裡，核心肌群、骨盆底肌群又在哪裡，才能進行正確的鍛鍊。

核心肌群鍛鍊法

過去大家所認知的「核心肌群」，主要是在腹部的肌肉，也就是腹直肌、腹外斜肌、腹內斜肌、腹橫肌，組合起來可以練成健美的「六塊肌」。其實，除了這幾組肌肉之外，包括連到大腿骨的肌肉、連到臀部的肌肉，連到脊椎的背肌、腰肌，以及連到肋骨負責呼吸的肌肉，都被概括在「核心肌群」的範圍內。也就是說，除了腹部要有力量，背肌、腰肌和大腿的肌肉都要同時做協調與平衡的鍛鍊，再加上呼吸技巧，才能完整訓練到所有的「核心肌群」。

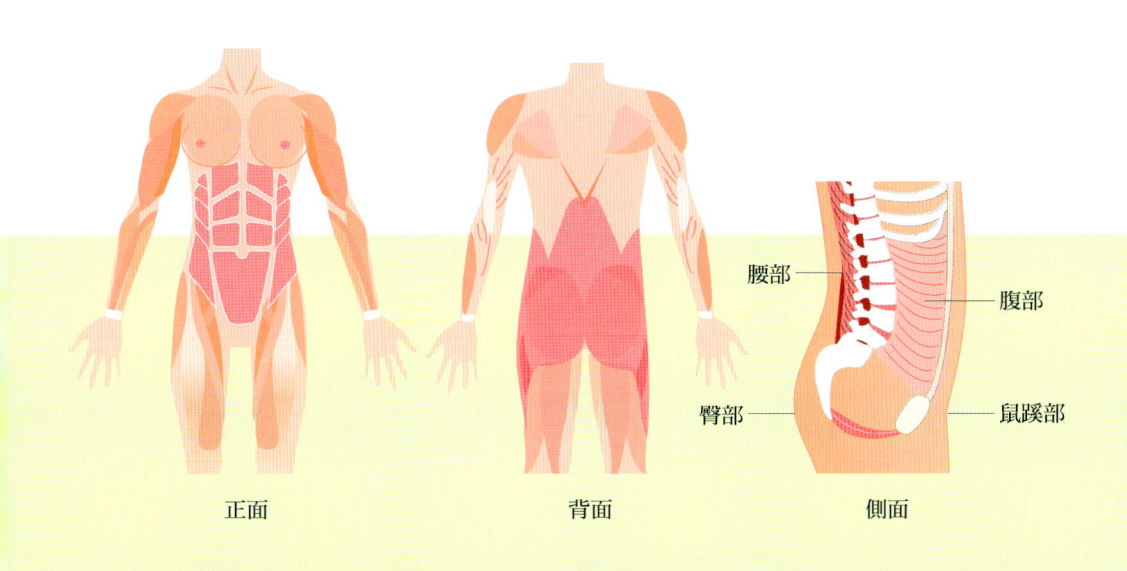

正面　　　背面　　　側面

腰部　腹部　臀部　鼠蹊部

核心肌群圖　除了大家最熟悉的腹部「六塊肌」，連到大腿骨和臀部的肌肉，連到脊椎的背肌、腰肌，以及連到肋骨負責呼吸的肌肉，也都被概括在「核心肌群」的範圍內。

這麼多的肌肉，哪些是屬於深層，哪些又是屬於淺層的呢？

若以簡單的分類來說，**直接碰觸得到、按壓得到的肌肉，都是淺層的肌肉**；例如有些痠痛、疼痛是直接按壓就能感覺到的，或是可以看到線條的變化，像是腹肌、手臂線條等。

而深層的肌肉，則是自己無法按壓也相對比較難以控制的肌肉。例如作用於呼吸的肌肉，包括橫膈膜、肋間外肌、肋間內肌，通常無法直接觸碰，鍛鍊時也會覺得比較抽象而難以感受。平時有些累積而成的痠痛，會讓人覺得頭重重的、腿腫腫的，或是身體挺直就感到疲累，這些比較難形容、碰不到，或是做特定動作才會有的不適感，也都和深層肌肉緊繃有關。所以若只是單純鍛鍊淺層的肌肉，並無法改善深層肌肉的狀態。

••• 基本步驟

大家應該都知道「縮小腹」的感覺，也就是把腹部往內收縮；但也有很多人不懂得正確用力，一縮小腹就不會呼吸，或是小腹縮進去臀部也跟著翹起來。鍛鍊深層腹部肌肉時，則是要慢慢地、單純地「縮小腹」，讓小腹停留在最「裡面」的那個位置之後，維持腹部的收縮用力，同時正常呼吸。方法如下：

❶ 站立或坐著，讓小腹慢慢收到最裡面，也就是所有深層腹部肌肉都會收縮的狀態，停留在這裡至少1分鐘，同時維持正常呼吸的速度。
❷ 1分鐘之後，可以慢慢鬆開，休息一下，再往內收縮。

••• **重點提示**

這樣的鍛鍊可以用站姿或坐姿進行，剛開始從1分鐘做起，學會控制用力之後，再慢慢延長為2分鐘、3分鐘等。一旦漸漸習慣深層肌肉用力的感覺，要鍛鍊表面淺層的肌肉，就不是難事了。

骨盆底肌群鍛鍊法

另一個重要的肌群——「骨盆底肌群」，則是<u>位在骨盆底部接近會陰區的肌肉</u>。這裡的肌肉也是深層肌肉，它位在骨盆的最下端，連接尾椎到恥骨之間，保護著處於骨盆中的內臟器官。

骨盆底肌群欠缺訓練時，骨盆的位置就不容易挺正，周遭的肌肉也會跟著鬆垮，嚴重時容易出現滲尿、失禁等情況。所以將骨盆底肌群的訓練放進鍛鍊課程中，能讓體態更快修正，瘦身自然也就事半功倍！

骨盆底肌群圖

骨盆底肌群位在骨盆的最下端，連接尾椎到恥骨之間，保護著處於骨盆中的子宮等重要內臟器官。

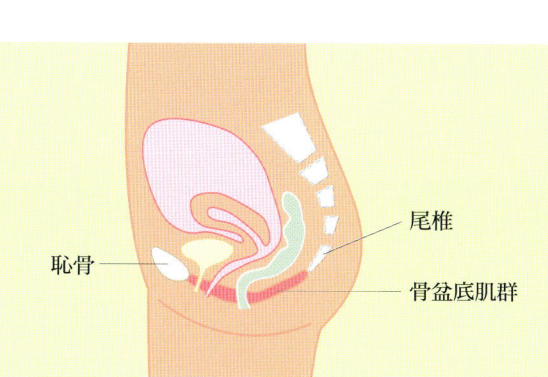

尾椎
恥骨
骨盆底肌群

••• 基本步驟

很多人不知道骨盆底肌群在哪裡，在此提供一個簡單的檢測方法：**在排尿中途，有意識地中斷排尿，這時用到的肌群就是骨盆底肌群**。剛開始的時候，可由以下步驟來感覺骨盆底肌群的收縮：

❶ 蹲在地上，雙腳與肩同寬，腳掌往外約30度，腳跟可以先著地，身體比較能平衡。腳跟無法著地的人，可以直接用前足，也就是腳尖處蹲著。

❷ 蹲好之後，想像在骨盆底的地方有一張網子，用意識將這張網子收到骨盆的最中心，也就是會陰區的最底端，收縮停留約30秒，再慢慢放鬆。

❸ 蹲著的時候，用腳跟著地對於骨盆底肌群的感受比較不明顯，但因為比較容易平衡，可以維持久一點；用腳尖著地，則比較容易感受到骨盆底被迫伸展開來的感覺，但由於支撐點較小，大約蹲5分鐘就會開始覺得疲憊，可以先起身休息一下。

••• 重點提示

這樣的鍛鍊在初期需要以蹲姿進行，較能明顯感覺到肌肉的收縮與伸展。等到能清楚感受了，在坐著、躺著、站著的時候，都可以用意識來鍛鍊骨盆底肌群，每天做10分鐘，可以有效改善骨盆不正的問題。

擴胸呼吸鍛鍊法

廣義的「核心肌群」，其實還包括背部和肋骨周遭的肌肉；許多人無法「抬頭挺胸」，除了是因為腹肌力量不足，也和背肌、肋骨旁的肌肉不夠協調有很密切的關連。

在理想情況下，我們的胸椎會呈現略彎的弧度，剛好和頸椎、腰椎是相反的方向，而形成有如S形的彎度。當這個彎度太過或不及，都會讓體態出現變化。而對胸椎來說比較特別的是，因為兩側都有肋骨協助受力，手臂兩側還有肩胛骨，以及許多連結肩胛骨到頸椎、胸椎的肌肉，所以影響上半身體態的因素，除了受力模式之外，還包括手臂的用力方式、平時提舉的頻率與呼吸習慣等。有些人年紀漸長之後，發現手臂愈來愈沒力氣卻愈來愈粗，呼吸愈來愈短淺但肩膀卻愈來愈寬厚，都可能是不良的生活習慣所導致。

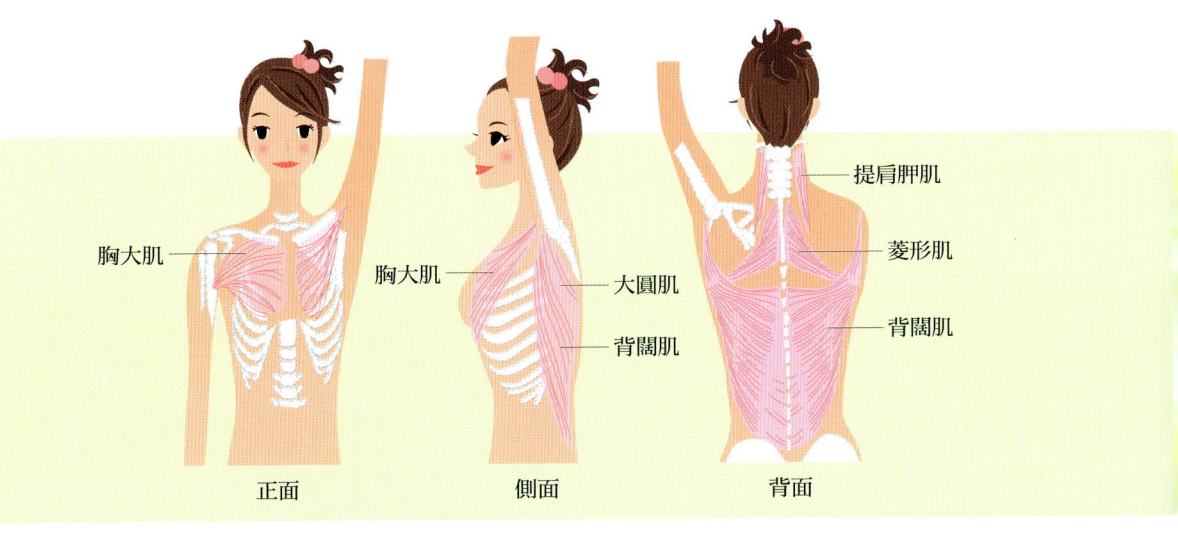

胸大肌 ／ 胸大肌 ／ 大圓肌 ／ 背闊肌 ／ 提肩胛肌 ／ 菱形肌 ／ 背闊肌

正面　　側面　　背面

肩胛骨與胸口的骨骼肌肉示意圖
影響上半身體態的因素，與頸椎、胸椎、肩胛骨和肋骨等各處肌肉的協調平衡有著密切連結，當肌肉用力失衡時，肩胛骨、胸椎和肋骨都會連帶受到影響。

此外，長期缺乏肩膀外轉的訓練動作，也會讓肩胛骨逐漸往外翻，上半身顯得愈來愈厚。這種情況多發生於常用電腦的族群、常抱小孩的新手爸媽，或是睡覺時習慣把身子蜷縮在一起的人。

我們的肩關節，是由鎖骨、肩胛骨以及上手臂的肱骨連結而成，而且活動度很廣，不像手指頭的關節只能往一個方向做動作，而是可以做前後、左右、內外各個角度的轉動，相對來說也是穩定度較低的關節。因此，肩關節需要透過強壯的韌帶、肌腱、肌肉等軟組織連結，使其能夠穩定而不受傷地任意轉動。當我們在每天的生活中，只讓肩關節在很小的範圍內活動，周邊的肌肉會漸漸失去協調與彈性，嚴重時將導致肩頸痠痛或假性五十肩，肩膀變得只能在某些特定角度內活動，超出這些角度就會疼痛。

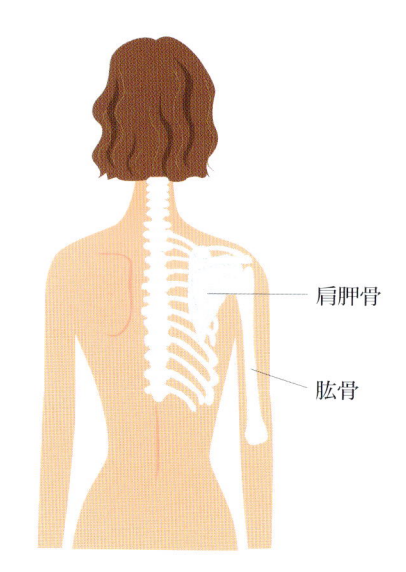

肩胛骨示意圖

肩關節是活動度很廣的關節，需要透過強壯、平衡的韌帶、肌肉等軟組織連結，才能穩定而不受傷地朝各角度轉動。

不過，疼痛只是一種警訊，在警訊發生之前，你可能就已經因為肩關節肌肉用力失衡，讓肩膀上方的肌肉使用過度、或是肩胛骨的深層肌肉長期收縮，而導致肩胛骨外翻。一旦發生這樣的變化，就會覺得身體愈來愈厚，尤其在肩膀、後頸這一帶，肌肉總是硬梆梆又消不掉，上手臂也會鬆垮無力，「掰掰袖」怎麼運動都沒有太明顯的效果。

你不知道的肥胖陷阱

愛用手臂勾包包？當心練出掰掰袖

　　許多人不懂，為何自己的「掰掰袖」怎麼甩也甩不掉，原來最大的問題，就是出在平時「拿包包」的方法。

　　肌肉要能順利完成動作，需要有作用肌和拮抗肌相互配合。作用肌也稱為主動肌，是主要完成動作的肌肉；而在發生動作的同時，拮抗肌必須放鬆且協調，關節才能活動。

　　背包包時，很多人會習慣性使用手臂最有力量的肱二頭肌，也就是彎著手臂抓提把；或是將包包和購物袋用手臂拎著，掛在手肘彎曲的地方。這樣的姿勢雖然看起來優雅，但也等於同時在鍛鍊肱二頭肌，讓手臂上方出現健美先生所追求的「小老鼠」。

　　在這個提舉動作發生時，肱三頭肌扮演的角色則是拮抗肌，需要放鬆以配合肱二頭肌的用力。一直維持這樣的提舉習慣，手臂長期用力失衡，結果就是讓肱二頭肌很粗壯、肱三頭肌很鬆軟──沒錯，肱三頭肌剛好就是女生最在意的「掰掰袖」部位！所以背包包也要注意方法和姿勢，才不會顧到了優雅，掰掰袖卻也揮之不去！（拿包包的建議姿勢，請參考186頁）

用手肘彎曲處勾包包，永遠只會練到手臂前側的二頭肌，讓掰掰袖愈來愈鬆垮。

因此，當上半身出現駝背、肩胛骨外翻、肱骨內旋等情況時，也要鍛鍊深層和淺層肌肉，改變體態的呈現，並且練習正確的呼吸技巧，讓周遭肌肉恢復應有的彈性，重新啟動身體的協調性和靈活度。

正確的呼吸法對於身體的新陳代謝非常重要，當你能正確地呼吸，控制呼吸的肌肉群就會有效率地運作，肩膀、背部和前頸部的肌肉無須持續地收縮來協助呼吸，也就不會加重負擔而越變越「粗勇」了！

••• 基本步驟

其實，呼吸也是燃燒熱量的一種方式。氧氣是人體不可缺乏的養分，當身體的氧氣不足時，肌肉也會隨之僵硬，溫度會降低，末梢的手腳就變得冰冰冷冷的。如果你發現自己的呼吸都是短短的、淺淺的，經常覺得胸口悶悶的，或是駝背、上半身肥厚的狀況愈來愈嚴重，就一起重新來學習好好呼吸吧！

1. 開始練習時，可以先採取坐姿。首先，將手放在前方兩側的肋骨下緣，感覺自己在呼吸時肋骨上下的變化。
2. 感覺到橫膈膜的起伏後，慢慢將頭往上抬，視線朝天花板看去，用力讓肩膀往後擴，手可以放在後腰部，讓胸口有意識地用力擴開。對肩膀很厚或肩胛骨外翻的人來說，這個動作會讓肩膀、頸部、胸口都有被拉伸開來的感覺，起初會有點痠痠的，這是正常現象。

呼吸步驟圖

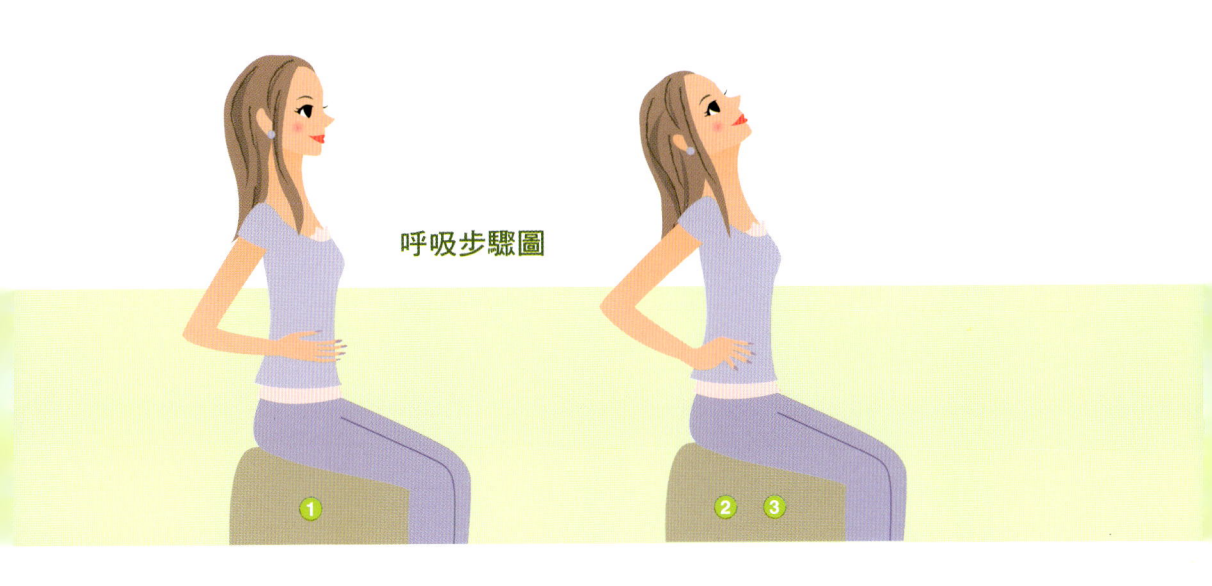

❸ 維持❷的動作約30秒,然後大口地做深沉的呼吸,一開始會覺得胸口似乎被限制住了擴不開,可以先從大口吐氣開始,再慢慢吸氣。

••• **重點提示**

如果一開始的時候,呼吸還是沒有辦法很順暢,可以簡單做一下胸口肋骨肌肉的按摩。這些按壓點同樣會有痠痠痛痛的感覺,只需要輕輕的揉壓,之後再嘗試上述的呼吸技巧,肋骨旁控制呼吸的肌肉就會逐漸恢復有效運作,肩膀自然可以慢慢地放鬆下來。

局部肥胖，
善用纖體小撇步

身體特定部位的肌肉，如果因為錯誤的體態習慣而被過度使用，
長年累月「無意識」地收縮時，將會失去彈性，變得僵硬、緊繃，
而且肌肉的長度會變短，於外的呈現則會變厚、變硬，
最常見的例子就是蘿蔔腿、厚肩膀。要消滅這樣的局部肥胖，
就要從調整體態做起，內外兼顧，把肌肉由短變長！

身體變厚，是因為肌肉用力過度

在不受到任何磨損或限制的理想情況下，身體的關節應該擁有靈巧的活動度，讓身體可以自在地完成所有想要完成的動作；而附著在骨骼上的肌肉，則是有彈性的軟組織，能配合身體的活動收縮或延展。

當肌肉收縮時，長度會變短、彈性會變硬，例如健美先生拍照時，總會有意識地讓肌肉用力，鼓起更多、更豐富的線條，以展現力與美。不過，可別以為健美先生的肌肉永遠都是硬梆梆的喔！經過鍛鍊的肌肉，平常是呈現ㄅㄨㄞㄅㄨㄞ的彈性，只有在有意識地使力時，會鼓起變硬而結實。 對於女性來說，緊實的肌肉除了彈性豐富，柔軟度也一樣很好，所以有正確運動習慣的人，關節應該有完整的活動度，肌肉群則是「可長可短」，在收縮時變短、伸展時拉長。

不過，不是每個人都像健美先生懂得如何正確地收縮肌肉。當肌肉是長年累月「無意識」地收縮時，將會失去應有的彈性，而變得僵硬、緊繃；同時肌肉的長度會變短，於外的呈現則是變厚，而讓身體的特定部位變得厚厚的、硬硬的。一個很簡單也很常見的例子，就是「蘿蔔腿」。所謂的蘿蔔腿，就是小腿後側肌肉不停用力所「練」出來的粗壯肌肉。因為肌肉不斷地用力、不斷地支撐，而變得粗壯肥厚，摸起來就會硬硬的，長度也變短了。

同樣的情況可能發生在身體的任何部位，包括深層肌肉和淺層肌肉。時間久了，肌肉除了變厚，也可能因為過度使用而受傷，所以很多人經常很納悶，明明沒有特別做什麼，肌肉怎麼會「過度使用」呢？其實，這些肌肉都是在錯誤體態下不停被耗損而變硬、變厚，失去彈性和柔軟度，也破壞了身體應有的正確比例！**要確實改變體態、減掉多出來的肉，重現完美比例，最重要的就是「內外兼顧」。也就是說，表淺的肌肉、深層的肌肉，身體上下前後的用力方法、受力模式，都要面面俱到、平衡有效率地鍛鍊。**

輕鬆小撇步，消滅體態殺手

我們已經學會了基本的肌群鍛鍊法和正確呼吸法，除此之外，平時也要注意生活中會造成肥胖體態的「隱形殺手」，減少短肌肉的用力，善用不花時間的「纖體小撇步」，不知不覺就鍛鍊到深層肌肉、維持正確體態，瘦身效果自然大大加分！

••• 胖脖子：頸部太用力，記得收下巴

■ **形成原因**：這個類型的人，是因為頸部太過往前用力，使得後方連結胸椎到肩胛骨附近的肌肉長期過度用力練成了短肌肉。而為了維持視線平衡，下巴通常會不自主地抬高，時間久了脖子就變得粗粗的，在後頸根部鼓出一塊多餘的肉。

■ **纖體小撇步**：平時要提醒自己收下巴、擴胸，常練習「擠雙下巴」的動作，讓脖子慢慢習慣原本應有的弧度，再配合練習頸部放鬆的運動（86～89頁），就可以輕鬆把脖子的肉除掉了！

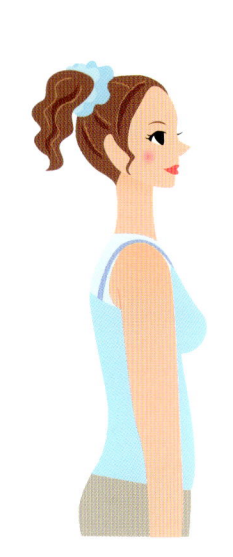

••• 胖手臂：肩胛骨外翻，要抬頭挺胸

■ **形成原因**：容易胖手臂的人，通常肩胛骨也會特別厚或過度外翻，不然就是平時經常提舉、搬運重物，二頭肌的使用份量要比三頭肌超出許多。在手臂肌肉用力失衡的情況下，二頭肌變得過度壯碩，形成了短肌肉，三頭肌卻無力鬆垮，手臂自然很難瘦下來！

■ **纖體小撇步**：讓手臂用力平衡的第一步，就是要抬頭挺胸，盡量擴胸讓肩胛骨回到正確的位置，將上手臂的肱骨往後挺起，拉長已經縮短的二頭肌，再搭配瘦手臂運動（106～113頁），線條就能緊實又漂亮！

••• 胖肚子：先檢測骨盆狀態，再對症調整姿勢

■ **形成原因**：小腹瘦不下來的人，是不是都會先做仰臥起坐，想讓肚子上多餘的肉消下去呢？仰臥起坐可不是誰做都有效，首先要觀察自己的骨盆是否處於正確位置，因為骨盆前傾和骨盆後傾，都會導致腹部無力，而使小腹變成大腹喔！

■ **纖體小撇步**：先釐清自己的骨盆狀態（24～28頁）。骨盆前傾的人，要先拉伸後腰的肌肉；骨盆後傾的人，則要練習「翹屁股」的動作。而無論是哪一種情形，都要記得隨時縮小腹，再配合腹肌鍛鍊的運動（116～123頁），當腹部的力氣逐漸恢復，你就可以脫離「小腹婆」的行列囉！

••• 胖屁股：
　　髖關節太用力，要收縮骨盆底肌群

■ **形成原因**：臀部比例和身體其他部位差異很大時，問題通常也是出在骨盆位置。不同的是，這個類型的人，腹部肌肉不一定特別沒有力氣，但可以確定的是髖關節用了太多力氣，以致於髖關節旁到大腿側邊的肌肉變成了短肌肉，鼓起來的線條自然讓臀部看起來又寬又大了！

■ **纖體小撇步：**要讓臀圍小一號，就要知道如何收縮骨盆底肌群（39～40頁）。學會之後，平常通勤、工作、看電視時都可以一邊練習。這種感覺和「夾臀」運動有點類似，不過骨盆底肌群鍛鍊的範圍和效果可是要複雜多了！當然，再配合瘦臀部的運動（126～133頁），就可以把大屁股練成ㄅㄨㄞㄅㄨㄞ臀了！

••• 胖大腿：走路沒走好，內側和前側要多用力

■ **形成原因：**大腿會特別粗，通常和走路方式有關，短肌肉則是暗藏在大腿後側和旁側，以致於大腿內側鬆鬆垮垮，膝蓋在躺著的時候伸不直，無論跑步或騎腳踏車，都覺得腿部線條愈練愈粗！

■ **纖體小撇步：**平常走路時，腹部要內收，同時將意識放在大腿前側，多讓這裡的肌肉帶動走路時的力氣。此外，大腿後側肌肉要盡量做伸展，並練習大腿的緊實運動（136～143頁）。

••• 產後全身胖：先放鬆短肌肉，再進行局部鍛鍊

■ **形成原因：**許多生完孩子的女性都會覺得，很難恢復生產前的窈窕身材，尤其骨盆好像被「撐開」了一樣。其實，根據我這幾年的觀察，許多媽媽在懷孕過程中經常無心養成了各處的短肌肉，帶小孩時也沒有認真注意體態、姿勢和抱小孩的習慣，於是讓不該太過發

達的肌肉過度使用，自然也就覺得硬硬的肉很難瘦，有一種怎麼也瘦不下來的無奈感了！

■ **纖體小撇步**：讓身體各處的肌肉「放輕鬆」，是最首要的工作。短肌肉通常會暗藏在腰部、背部、肩胛骨和鼠蹊部等各處，先利用運動確實伸展這些肌肉（94～103頁），減少過度使用，強化各肌肉群的平衡，自然能先把體態調整到較佳狀況。之後再根據最想瘦下來的部位逐一鍛鍊，你也能變成「時尚辣媽」！

••• 下半身浮腫：缺乏運動，要伸展腰臀、平衡骨盆

■ **形成原因**：循環較差的人，容易出現末梢冰冷、下肢浮腫的症狀，這也和骨盆位置脫不了關係。這時短肌肉通常是藏匿在鼠蹊部、臀部一帶，而成因多半都是太過缺乏運動，習慣能躺就不坐、能坐就不站。

■ **纖體小撇步**：要讓自己多動，減少穿高跟鞋的時間；多做臀部和腰部的伸展（126～133頁），也會有所幫助。最重要的是要確認自己的骨盆是否歪斜（24～28頁），再配合骨盆底肌群平衡的鍛鍊（39～40頁），身體就不會老是腫腫的了。

工作型態，
也影響你的體態

通勤中，正是發胖的關鍵時刻？
低頭族，當心脖子變得又粗又短？
現代社會緊張忙碌，每個人花在職場上的時間都不少，
要是因為工作型態的關係必須長久保持某些姿勢，
而讓肌肉的協調失衡，就會使局部肥胖問題特別明顯。

現代社會緊張忙碌，每個人待在職場或花在工作上的時間都不少，要是因為工作型態的關係必須長久保持特定的姿勢，而讓肌肉的協調失衡，也會導致某些局部肥胖問題特別明顯。如果你也是以下這些工作族群，要特別增強特定部位的肌肉鍛鍊，才能更明顯地改變體態、有效瘦身。

•••【久坐族】學生、司機、行政人員、文書工作者

■ **主要症狀：大屁股、膝蓋痛**

在台灣求學工作的人，幾乎從小就已習慣久坐。大約從高中開始，一天坐著的時間可能就超過八小時，這樣的姿勢對於腰椎和骨盆，其實會產生極大的負擔！

很多人都覺得，坐久了屁股會愈坐愈大，這也和長肌肉、短肌肉的概念有關。我們坐著的時候，大腿後側的肌肉是「縮著」的，也就是容易形成短肌肉的姿勢，而大腿外側的肌腱由臀部連接到膝蓋外側，也同樣會較為緊繃，影響膝關節的受力。當膝關節內外側受力失衡，身體會啟動代償機制，讓髖關節附近的肌肉壯大用力，來輔助膝關節的不足。也因此，習慣久坐的族群，到後來膝蓋會不時疼痛──尤其在上下樓梯時更嚴重，而髖關節周遭的肌肉則會變厚以因應身體需求，於是就「坐成大屁股」了！

■ **鍛鍊方法：伸展大腿後側、縮小腹、收縮骨盆底肌群**

此時最應該加強的就是大腿後側的伸展，再搭配大腿部位的緊實運動（136～143頁）。平常坐著的時候，可以同時練習縮小腹和收縮骨盆底肌群，每個鐘頭還要起身走動一下，讓肌肉喘口氣。

久坐族要多伸展大腿，每隔一段時間就起身舒活筋骨。

●●●【久站族】警察、護士、銷售人員

■ **主要症狀：蘿蔔腿、大腿前側又脹又粗**

許多需要久站的工作族群，一定會發現腿型似乎愈來愈壯碩，尤其是小腿肚、大腿前側，容易又脹又腫又粗，努力抬腿效果也有限，最麻煩的是還有痠痛、痠麻的感覺，就更不敢去跑步、運動，擔心小腿的問題會愈動愈嚴重！

需要久站工作的女性，通常都必須穿稍微正式、有點跟的鞋子，但也容易站成蘿蔔腿。之前提過，蘿蔔腿是因為小腿後側肌肉不停收縮用力而養成短肌肉，此時身體也會啟動代償機制，讓大腿前側肌群協助使力，所以小腿肚容易痠痛的人，大腿前側的肌肉也會腫脹而變得肥厚。

■ **鍛鍊方法：穿對鞋子、伸展小腿肚、鍛鍊核心肌群**

想要改善蘿蔔腿和粗大腿，第一步就是穿著「對」的鞋子（參考190～194頁）。高跟鞋不該作為最主要的鞋款，偶而穿一下，增添女人的自信和嫵媚無妨，不過如果上班八小時、還有下班聚餐和週末逛街都穿著高跟鞋，想要「瘦腿」可不是容易的事！此外，還要多做小腿肚的伸展（136

久站族要選雙合穿的好鞋，多放鬆小腿肚，把重心放在骨盆。

頁），讓不停用力的小腿肌肉得以舒緩；經常鍛鍊核心肌群（37～39頁），則能讓你在走路時更懂得把重心放在骨盆，下半身肌群就能減少不必要的用力。

••• 【低頭族】電腦工程師、醫事人員、收銀員、手機愛用者

■ 主要症狀：脖子粗、肩膀厚、頭臉比例變大、肩頸僵硬

有許多人因為工作上的需求，必須長時間低頭，使得頸部肌肉過度使用，或是容易有肩頸僵硬、頭痛等症狀。如今智慧型手機風行，更是導致「低頭族」愈來愈多。

經常低頭的人，頭部的重量必須由頸部連接胸椎的肌肉協助支撐，時間久了，頸部連接到肩胛骨的肌肉也需要收縮以協助用力，所以這一帶也會變成短肌肉，讓肩胛骨看起來變厚，頸部後方多了突出的肉塊，視覺上脖子的比例會特別短，頭和臉則會變大，肩膀又特別厚。

■ 鍛鍊方法：減少低頭時間，經常仰頭、放鬆頸部

減少低頭的時間，是第一個要改變的習慣，如果工作上必須經常低頭，至少要提醒自己，每半個鐘頭要抬起頭來讓頸部、肩膀活動一下。智慧型手機的愛用者則要注意別太沉迷於手機世界，不要想說上網吃到飽，沒多上一點很浪費，反而造成頸部傷害。

另外，最好能更積極地多做仰頭動作，或是在睡前做些頸部放鬆的運動（86～89頁），增加頸部應有的弧度，才能讓受力維持在平衡狀態，減緩長期的不適。

••• 電腦族：所有人

■ **主要症狀：駝背、小腹突出、肩膀內旋、上半身圓滾滾**

電腦的功能已經從提升工作效率，演變成娛樂、社交、生活中皆不可或缺的工具，也因此，許多人上班盯著螢幕看，下班後還是離不開電腦，忙著上網聊天購物、打線上遊戲、看影片、找資料，一天下來和電腦相處的時間，有時候比家人還要久！

用電腦要注意姿勢，幾乎是人人理解的觀念，可惜使用電腦時多半需要大量專注力，一坐就好幾個鐘頭沒有休息，不用多久就會養成駝背、肩膀內旋、小腹突出的體態，胸口一帶的肌肉則變成了短肌肉，上半身就變得圓滾滾的！

■ **鍛鍊方法：定期休息、擴展胸部、放鬆背部**

使用電腦時，每半個鐘頭要提醒自己休息一下，做些伸展的動作；也要多做往後擴胸的運動，減少肩膀內旋的姿勢，讓胸口不停縮在一起的短肌肉得以放鬆。

忙碌一整天之後，也可以在睡前做些放鬆背部的運動（90～91頁），讓往前彎了一天的胸

電腦族要多做擴胸、放鬆背部的運動，讓習慣前傾、往內縮的身體肌肉恢復前後平衡的狀態。

椎可以得到另一個方向的伸展。當身體前後的肌肉回復平衡狀態，體態會更優雅，也就不會一副垂頭喪氣、彎腰駝背的模樣了！

主婦族

■ 主要症狀：身體變厚，背部、手臂和頸部變粗

家庭主婦全年無休，而且是一天二十四小時工作。許多婦女過去在職場上班時，或是還沒生小孩之前，身材總能保持在滿意狀態；一旦走入家庭開始做家事、帶孩子，身材就一天天走樣，很難接受自己也有變胖的一天！

許多清潔、照護或烹飪等家務，都需要大量的提舉或手臂用力的動作，也會讓身體負重而變得「粗勇」。之前也提過，廚房的流理台或瓦斯爐高度不對時，會讓頸部、背部感到吃力；甚至是抱小孩，手臂也容易過度使用，讓肩膀周遭的肌肉變粗壯甚至受傷，結婚沒幾年就從妙齡女郎變成大嬸身材！

■ 鍛鍊方法：調整不理想的起居環境，讓身體平均用力

當然，不可能因為做家事會讓身材變粗壯，就放在一旁不去理會；當你發現了生活中的這些「體態殺手」，更要注意防範。例如，在裝潢新家之前，先注意各種家具、廚具或生活用具的高度和尺寸，是否適合自己的身高和體重，會不會需要提舉過高、用力過度，或是得讓自己彎著腰、駝著背使用。

去市場買菜時，可以準備有輪子的菜籃車，才不必提著過重的食物

主婦族可以多利用菜籃車，以避免購物時提舉過重。

走太久的路程。抱小孩也要記得左右手交替，盡量讓小孩靠近自己的身體，這樣可以讓孩子更有安全感，使手臂的力距減少，也能更有效率地做好力量的配置。

此外，多做身體各部位的伸展運動也很重要。頸部、胸椎的伸展，可以讓上半身看起來較勻稱；加強腹部、臀部等核心肌群的鍛鍊，能讓自己在出力時習慣使用比較大而有力的肌肉，減少小肌肉過度使用而造成的傷害。讓身體各處的肌肉習慣平均用力，短肌肉就無需持續使力，厚實的身體才會變纖細！

你不知道的肥胖陷阱

通勤中，也是發胖的關鍵時刻？

　　對許多人來說，通勤時間是身體唯一被迫一定要「活動」的片刻。無論是開車、騎機車、走路、搭公車或捷運，甚至等公車，都是身體難得可以短暫活動的時機。

　　沒有運動習慣的人，生活中多半不是坐著就是躺著；上班坐了八小時，回家後躺著睡覺又是八小時，剩餘的時間看電視、上網、吃飯等，幾乎都處於靜態，也就是在身體放鬆的情況下進行。而在通勤的路上，因為趕時間，加上身邊有其他陌生人，潛意識裡身體會比較警覺、緊張，如果姿勢錯誤、體態不正，就更容易讓肌肉緊繃，改變關節的受力效能，而導致局部肥胖。

◆ **開汽車**：許多女生開車都會開到腰痠背痛，或是右小腿後側肌肉痠痛，最主要的原因就是「緊張」。開車時抓握方向盤如果過於用力，手臂會不自覺上提，背部離開椅背、肩膀聳起，而讓肩胛骨附近的肌肉過度使用而變得肥厚。下半身的右腿則因為控制油門和煞車，需要持續收縮；如果是長程駕駛，右腿甚至會形成往內傾斜的角度，進而造成骨盆的歪斜。

◆ **騎機車**：台灣騎機車的女生很多，不過很多人騎車時都是駝著背，腰部會有一個往後的弧度，如果安全帽太重，又會造成額外的負擔，讓頸部習慣用微微仰頭的角度來負重，肩膀上緣的肌肉則會不自主地用力，久而久之將造成駝背、上半身變厚，脖子變得又粗又短。

◆ **搭捷運、搭公車、等車、走路**：走路時習慣挺個大肚子，腹部肌肉會愈來愈沒有力氣，大腿也愈來愈粗；站著的時候身體習慣傾向某一邊，用單腿來承受大部分重量，則容易使骨盆歪斜；坐著的時候習慣翹腳，也會讓骨盆變得一邊高一邊低，影響髖關節的鬆緊度。（開車、騎車、走路和坐、站的建議姿勢，請參考185～186、174～177頁）

壓力情緒，會讓你不瘦反胖

心不寬，一樣也會體胖！
「心理層面」導致的肥胖問題，就和「生理層面」一樣，
都有可能形成整體肥胖和局部肥胖。
如果你發現自己經常「不快樂」，對於體態的變化也找不出解決之道，
也許誠實面對自己的「負面情緒」，才是有效瘦身的第一步！

我們的直覺反應，總是認為壓力、低潮或心情欠佳等心理上的障礙或問題，反映在生理上的現象應該是食慾不振、削瘦脆弱。的確，許多特定事件所造成的壓力，例如：情傷、親人去世、失業等，在短時間內是會讓人元氣大傷而一時暴瘦，這是心理層面突然失衡，身體還來不及以最理想的機制來調適的過渡時期，在逐漸走出傷痛，生活重回正軌之後，身體通常也會慢慢恢復原有的平衡。然而，當壓力已是常態，變成生活中的一部分時，身體就必須啟動對應的方法，來調節心理的「失衡」，而其中很常見的就是產生「肥胖」的體態。

雖然每個人都會因不同的體質、個性、抗壓態度和生活習慣等，呈現出不同的失衡狀態和程度，不過，**經年累月在壓力下生活，內分泌失調、荷爾蒙異常、消化道疾病等都會讓身體的新陳代謝失常而變胖；**

在體態上,也會讓特定區塊承受過多的重量,過度使用的肌肉變得緊繃肥厚,使不上力氣的肌肉又鬆軟無力。

心不寬,一樣也會體胖!「心理層面」導致的肥胖問題,就和「生理層面」一樣,都有可能形成整體肥胖和局部肥胖。如果你發現自己經常「不快樂」,對於體態的變化也找不出解決之道,也許對你來說,誠實面對自己的「負面情緒」,才是有效瘦身的第一步!

整體肥胖:靠吃發洩壓力

工作不如意,吃甜食填補缺口

許多人在進入社會開始工作之後,會無緣無故以一年一公斤左右的速度增胖,由於體重增加的速度很緩慢,似乎也難以在短時間內察覺,總要等到公司舉行健檢,或是逢年過節見到久未會面的親友,才赫然發現自己比起學生時代竟然胖了五公斤、八公斤。而就我這幾年的觀察,「壓力」絕對是一大成因!

壓力的來源,可能來自於工作、人際關係、婚姻、家庭等不同面向;而許多人在面臨壓力時,會選擇用「吃」來暫時逃避問題。譬如遇到難纏的客戶,在煩躁之餘就拿出手邊的零食,吃點東西想讓自己舒服一些;或是開了一天會,結果不是自己最滿意的,回到家吃完晚餐,

也想多吃些甜點放鬆；情況更嚴重的人，則是一遇到壓力就想吃。我曾看過一位在職場上工作了六年的女性，辦公室、包包、家裡都擺滿了巧克力、餅乾、蜜餞等零食，她覺得這麼辛苦打拚，一定不能讓自己餓到，所以只要有時間，她就想「犒賞」自己，透過「吃零食」的行為來填補職場上無法平衡的缺口。

ᐧᐧᐧ 試著轉念，別讓不快樂干擾自己

當心理層面失衡時，一個很簡單的調整方法，就是試著「轉念」。**會想用食物來「犒賞」自己，或是莫名地在壓力龐大時想吃東西，都表示在某種程度上，你的心裡其實是覺得委屈、不平、不快樂，想要尋找情緒出口的**。也因此，要先學習轉換想法，讓自己即使在辛勞工作後，也能體驗到成就感、收穫感、覺得自己很棒等正面的感受，才不會總是覺得自己很可憐、很受挫，要藉由「吃」來平復失衡的心情。

當然，適度犒賞自己的努力也很重要，只是要先釐清，引發「吃」這個意念的源頭是「快樂」還是「不快樂」。在我的脊骨神經醫學瘦身觀裡，非常強調身心靈的平衡，而保持「快樂」就是很重要的功課。

學習轉念，就是要學習提醒自己：可以選擇快樂地過一天，也可以選擇不快樂地過一天，而不快樂的時候，真正傷害到的只有自己，對生活一點幫助都沒有，也完全不會影響那些讓你不快樂的人、事、物。快樂地生活、快樂地愛自己，身體也會給你最直接的回饋。

局部肥胖：負面情緒作祟

許多隱性的負面情緒，都可能造成局部肥胖而影響瘦身結果。**情緒是直接影響體態的一大因素，會讓許多肌肉不自主地收縮，如果潛意識裡無法舒緩緊張的情緒，做再多運動也很難伸展到需要放鬆的肌肉。**

以下我歸納了四種可能造成體態變化或局部肥胖的負面情緒，如果你發現自己有任何一種或不只一種的狀況，最好能透過家人、朋友或專家的協助，來減少其所造成的影響。

••• 責任感過重、太想符合外界的期待、太在意他人的眼光

■ 體態問題：厚背、手臂粗、駝背

這一類型的體態，經常出現在婚後需要兼顧家庭、事業，而把自己累壞了的婦女身上。當然，許多男性也會自覺有養家的負擔，而逐漸形成這種體態。這樣的人通常會把別人的責任也扛在自己身上，覺得不好好把事情完成，就無法向對方交代，大小事都親力親為，再怎麼辛苦也要處理好。他們也很在乎旁人的眼光，當身邊的人提出要求時，就會盡可能配合，渴望獲得肯定。

但人畢竟不是萬能，一旦無法滿足外在的期待，身心都會疲倦，甚至感到失落或自責，久而久之就會覺得身體怎麼都挺不直、背部很僵硬、肩膀很重，像是有重擔一直卸不下來。心理上的負擔導致胸椎弧度愈來愈大，就形成了我們所稱的駝背；另一種情況則是，雖然盡量抬頭挺胸了，但背部就是愈來愈厚，手臂愈來愈粗，尤其年

過三十的女性會覺得肩胛骨下緣靠近手臂的肉特別難瘦。

■ 解決辦法：

有些內衣業者或美容書籍會教大家怎麼把「副乳」包進內衣裡；但在我看來，要雕塑背部線條，除了確實地練習瘦手臂運動（106～113頁），還要找出埋在心底深處的自我矛盾，才能有效改變體態。

••• 缺乏自信、沒有主見、自我懷疑

■ 體態問題：脖子短、後頸肥胖

回到台灣之後，我看到許多家長都對孩子寄予深切的期望，而有著「愛之深、責之切」的反應，即使心中有滿滿的愛與疼惜，於外所呈現的強勢，卻讓孩子變得畏縮或缺乏自信，不敢有自己的意見。此外，如果家中有其他兄弟姐妹表現突出、長得很好、常受稱讚，即使家長不見得強勢或偏心，但因為長期被比較，孩子總覺得自己沒有那麼優秀，在成長過程中也會逐漸失去信心，否定自我價值。

這樣的孩子會很容易習慣性低頭，有些人走路的時候，目光總是在地上，還有家長曾經跟我說：「我們家小寶每天走路都在地上找黃金！」長久下來，後頸部下方會形成一塊突起，也會使脖子看起來變短，整體的比例自然就不夠修長。

■ 解決辦法：

對於習慣性低頭或頸部前傾的人來說，往後伸展頸部的動作非常重要。平時可以利用纖體枕多做頸部和背部的放鬆運動（86～91頁）；

在心理層面上，則要學習對自己「精神喊話」，相信自己能做到、相信自己會進步，減低自我懷疑，體態才能徹底改變。

••• 緊張、焦慮、壓抑

■ **體態問題：聳肩、肩膀寬、圓背**

在現代社會中，大家總是習慣性地緊張，無論是趕著開會、準備報表、提出計畫等，許許多多的生活細節都被時間追著跑；因為緊張、急促，甚至會擾亂了原本自然呼吸的頻率，讓呼吸變得短而表淺，有些人還嚴重到忘了怎麼「深呼吸」。這樣的體態呈現，很容易讓肩膀聳起來，像是穿了大墊肩西裝，肩關節習慣性往前上方用力，肩胛骨則跟著被牽連往外翻，背部看起來圓拱拱的。

容易緊張的人，肩胛骨、肩膀、頸部一帶通常都很緊繃，肌肉也會因為潛意識的情緒壓力而不停用力收縮，肩膀看起來很寬。對女性而言，因為擔心肩膀愈練愈寬，更不願意以運動來瘦身，所以通常是四肢細細的、手臂肌肉軟趴趴的，肩頸卻很僵硬，怎麼伸展也拉不開。而由於肩胛骨外翻，身體會顯得圓圓的，如果覺得自己小時候明明是扁身，長大後手腳還是細細的，身體卻變得圓滾滾，可能就和你緊張、壓抑的情緒有關！

此外，有些人還會為了掩飾自己的情緒，刻意壓抑身體的變化，而影響呼吸速度。想知道你是不是「緊張一族」，可以試著用鼻子做一個又深又長的「深呼吸」，然後觀察自己的肩膀、胸口會不會跟著用力聳起。懂得正確深呼吸的人，會用腹部和橫膈膜的力量吸入

氧氣，不會用到肩頸肌肉的力量；忘了怎麼深呼吸的人，則會依靠前頸、胸口、肩膀周遭的肌肉用力呼吸。如果你發現自己做深呼吸時，上半身會跟著大幅度擺動，肌肉線條突然變得很明顯，或是臉突然漲紅，都代表平時肌肉的用力失衡。

■ 解決辦法：

面對這樣的情況，需要勤加練習伸展運動和呼吸。減少肩膀、頸部肌肉不必要的收縮用力，可以漸漸讓肩膀「放下來」；再學會輕鬆的呼吸，則能減緩肩胛骨的壓力，讓背部線條更柔和。

●●● 創傷經驗

■ 體態問題：臀部寬大、腹部肥厚、大腿粗

過去的創傷經驗，常會在我們的身體裡留下傷痛記憶，而改變身體的用力模式，也會影響脂肪堆積的位置，導致體態的改變。我看過許多有創傷經驗的人，尤其是發生車禍、跌坐在地上，或是有經常性的運動傷害，身體都會產生保護機制，使得骨盆周遭的肌肉格外肥厚，或是讓脂肪囤積在腹部、臀部一帶。

我們聰明的身體原本就會特別照顧需要受保護的骨盆部位，如果此處又曾有創傷經驗，更是脆弱地帶，會讓肌肉、脂肪層層堆疊加倍保護，讓臀部變得特別寬大，大腿也更粗。許多女性都無法理解，自己為什麼受傷後就再也瘦不下來，有些人是害怕傷口還沒恢復，不敢隨便運動，一怠惰就再也無法養成固定的運動習慣；有些人則是發現身體變得歪斜，左右線條開始不對稱，卻不知如何因應。

■ **解決辦法：**

如果發現體態變「歪」了，可以先從骨盆、核心肌群、髖關節開始鍛鍊。記得左右的鍛鍊次數要平衡，即使覺得一邊比較有力、一邊比較無力，也要保持對稱訓練，身體才能慢慢平衡。當身體逐漸變「正」，肌肉的使用相對更有效率，就不會一直下盤肥厚了。

過度承攬責任：
心理重擔導致駝背、手臂粗

有過創傷經驗：
骨盆加倍受保護，堆積肌肉脂肪

情緒，影響你的體態

緊張焦慮又壓抑：
呼吸短淺，形成寬肩圓背

缺乏自信與主見：
習慣性低頭而讓脖子變短

Sculpture Your Body

Part 2

纖體枕全效瘦身操

瘦身方法最重要的，是要簡單好學、容易上手，持續性高又方便取得，最好還要符合經濟考量！這樣的方法，也許不見得有立即的效果，可是在三個月或半年後，你仍然可以不間斷地執行，瘦下來的模樣就會很健康、很自然！

除了「瘦」之外，還要「塑」，雕塑出勻稱的身材比例，讓自己該有肉的地方有肉、該緊實的部位緊實，這樣要比純粹的「紙片人」更來得美麗！而一些無法單用飲食減量和運動消耗所根除的局部肥胖或視覺肥胖問題，就要用更治本的鍛鍊來確實修正。

接下來，我就要介紹給大家一個方便上手的瘦身小工具──纖體枕，針對最常見的局部肥胖，設計循序漸進的【纖體枕全效瘦身操】，讓你在家裡就可以借助簡單舒緩的小動作，把用力過度而緊繃肥厚的短肌肉，伸展拉成纖瘦勻稱的長肌肉，想瘦哪裡就瘦哪裡，成為真正的纖體美人。

>>>

為什麼要用
纖體枕來瘦身?

用纖體枕來瘦身,最大的好處是簡單、方便、舒適,因此可以持續進行。
先正確使用纖體枕來改善體態,再進一步鍛鍊肌肉,
不知不覺中身材就會變得優美、勻稱,更能促進健康,
尤其纖體枕可以針對特定肌肉消解局部肥胖,
更能確切達到緊實的體雕效果。

當腦海中冒出「我想要開始運動、瘦下來」的念頭時,許多人最容易遭遇的第一道關卡就是「時間」和「空間」的限制。去健身中心嫌麻煩又耗時,在家裡運動卻沒有器材,還擔心發生運動傷害,而現在有了一個簡單的解決方案,那就是使用——「纖體枕」。

什麼是纖體枕?

「纖體枕」是一種在國外盛行已久,
主要用來幫助運動員、健身教練和物理治療
師減緩肌肉痠痛的工具,效果十分顯著。它的英文

是「foam roller」（泡棉滾筒），除了能夠舒緩肌筋膜緊繃之外，還可以藉由滾筒形狀有彈性的材質，用以伸展、強化和平衡肌肉。

後來為了便於攜帶和收納，又衍生出充氣型的款式，在日本稱為「骨盤枕」，作為強化骨盆健康的輔具，而中文翻譯則有各種名稱，包括「瑜珈棒」、「瑜珈滾輪」、「泡棉滾筒」等。在本書中，我們稱它為「纖體枕」，因為使用這樣的鍛鍊方法，將可以有效、容易地緊實你的手臂、腰部、臀部和腿部，徹底改善體態問題，達到纖體效果。

功能特色

- **簡單方便，可以持續進行：**【纖體枕全效瘦身操】的動作都是以放鬆和伸展為主，簡單、方便、舒適，很適合剛開始要建立運動習慣或是想瘦身的人持續練習。先正確使用纖體枕來改善體態問題，再進一步鍛鍊肌肉，不知不覺中體態就會變得優美、身材變得勻稱，更能促進健康。而纖體枕充氣式的材質也便於隨身攜帶，平常可以當成靠墊，一有需要或空閒時就能拿來做運動。

- **強化局部，提升瘦身效率：**將纖體枕放在特定部位，運動時所使用到的肌肉群就會跟著改變，讓局部肌肉獲得更深層的鍛鍊，加強緊實、雕塑，對於希望消解局部肥胖問題的人來說，是最容易上手、見效的方法。同樣的動作加入纖體枕之後，也會提高平衡或完成的難度，而使鍛鍊效果加乘。

■ **調整體態，兼具保健功能：** 藉由圓筒狀的纖體枕輔助，也能把歪斜的脊椎、骨盆調為正確弧度，讓拉緊的肌肉回復正常伸展，接著再練習各式瘦身操，不僅事半功倍，也能矯正體態，讓骨骼、肌肉和脂肪各自歸位，使身體循環代謝正常運作，有助健康。

充氣方式

在使用纖體枕之前，要先將纖體枕充氣到飽滿，飽和度大約是到整個纖體枕都鼓起的程度，再將栓扣塞住。在運動的過程中，纖體枕如果有洩氣的情況，要再度充氣，效果會比較好。

替代工具

纖體枕是一個圓椎狀、有彈性的健身工具，萬一手邊沒有纖體枕時，用大毛巾捲成椎狀，可以作為暫時的替代品。不過比較進階的動作，還是必須要運用纖體枕的彈性來完成，大毛巾捲成的圓錐體彈性不足，替代效果將會打折扣。

你可能還有的疑問

在了解肥胖的成因和身體的構造之後,抱持愉快的心情開始嘗試【纖體枕全效瘦身操】,就是這個階段要努力的目標了。不過,也許你心裡還是存著一些懷疑和不確定,在完全說服你展開行動之前,就讓我先來解答你的疑惑吧!

Q1 採用【纖體枕全效美型瘦身法】,在多久時間內可以瘦下多少公斤呢?

很多瘦身法都會標榜在多短時間內瘦下幾公斤,可是就亞洲人來說,許多人的體重其實都在標準範圍內了,想瘦下來的只是局部肥胖,體重計上的數字,真的有意義嗎?

對於安全、健康的瘦身,不同的國家與機構都有不同標準。原則上,1～2週的時間瘦下1～2磅,都在可接受的範圍內;也就是說,大約每2週減1公斤,是比較安全的作法。而我所要分享的纖體枕全效美型瘦身法,不是單純減掉體重計上的數字,更要積極地藉由改變體態,使身材勻稱、減少局部肌肉長期緊繃的機會,讓它變得緊實有彈性,所以不但體重會減輕,視覺上更能達到拉長、纖細的效果。

就是因為體態變優美了,你在穿衣服的時候,可能也會覺得衣服變寬鬆了。記住!體重計上的數字不是評量胖瘦的唯一標準,鍛鍊優美體態、減掉局部肥胖,才是保持好身材的最大關鍵!

Q2 不先節食讓自己變「小隻」，多做運動反而會讓肥肉變肌肉，從「胖」變成「壯」？

一般來說，女性因為荷爾蒙的關係，肌肉的厚度天生比男性小，要練成「金剛芭比」需要好一段時間，雖然不是不可能，不過那是因為運動的方法錯誤，才會使肌肉不但沒變小還變粗壯。

如果你本來就不是很愛運動，會變成「金剛芭比」的機會不大；但若想變身纖體美人，則必須先從生活習慣開始調整。首先，減少局部肌肉的過度使用，讓硬梆梆的肌肉透過伸展、放鬆的運動得以舒緩、柔軟，再配合固定的心肺訓練和纖體枕瘦身操來改變體態，就不用擔心運動過量而變得太壯碩了！

Q3 不持續運動時，練起來的肌肉會變得比原本更鬆垮，那我還是少吃點就好了？

肌肉和脂肪是兩種完全不同的組織，肌肉不會變成脂肪，脂肪也不會變成肌肉。改變體態的纖體枕全效美型瘦身法，是先讓身體各處肌肉保持平衡，同時藉助纖體枕讓運動變得更簡單、方便而能持續完成。

當你的運動量增加時，肌肉纖維的厚度也會跟著增加，脂肪的數量則會相對減少，所達成的效果就像是脂肪變成了肌肉，其實這只是兩種組織都各自產生了變化而已！而不繼續運動之後，相對的機轉也會發

生,身體的肌肉量減低、脂肪量增加,原本緊實的肌肉被多餘的脂肪所取代,看起來就像是鬆垮的肌肉。

要維持窈窕的體態,最重要的是戒掉生活中的壞習慣,用合適的方法讓自己有意願地持續運動,改變心態和情緒,增加基礎代謝率和肌肉量,這樣就算偶而偷懶一下,也不會很快就復胖,或是讓肌肉變得鬆垮垮了!

Q4 纖體枕的動作這麼簡單,沒有什麼痛的感覺,運動不是要「痛」才有效嗎?

痠痛是一種訊息的傳遞,在剛開始運動時,的確會有幾種「類痠痛」的感覺產生——

一種是在做伸展時,緊繃的肌肉被拉開所感受到「緊緊的」感覺。雖然有些痠痠的,不過大多數人在這個過程中、或是拉伸完了之後,就會覺得放鬆、暢快。

另一種情況則是,在做肌肉力量或耐力訓練時,當下會覺得收縮的肌肉「硬硬的」或「痠痠的」。這代表肌肉在收縮過程中,因為暫時性的缺氧而造成些微痠痛感,運動結束後就會很快舒緩下來。

第三種情況則是在運動過後隔天,會覺得肌肉痠痛,像是爬山、騎腳

踏車之後「鐵腿」的感覺。這一類痠痛的成因，在過去被認為和堆積在肌肉裡的乳酸有關，也就是身體在運動之後經過代謝的廢物無法迅速排除而造成；近年來，這個理論則已逐漸被推翻，反而主張是和肌肉中的微創傷有關，在正常情況下，大約1～3天也可以慢慢恢復。

雖然身體有可能出現這些痠痛反應，但因為「痛」的感覺相當主觀，運動時的疼痛感和所達成的效果並沒有直接的關連，也就是說，不見得痛就是有效。剛開始運動時，盡量選擇適合自己身體強度的運動，過程當中應該是愉快、些微痠痛、有伸展開來的感覺，而不應該出現太過強烈的不適感。如果覺得當下或是隔天很痠痛、不舒服，表示這個動作對你來說難度太強，就要從簡單一點的做起，才不會失去運動的意願，還可能讓自己受傷。

Q5 嘗試了這麼多方法都沒有用，問題一定出在我，應該只是我毅力、耐心不夠吧？

當自我懷疑的想法出現時，許多努力都會打了折扣。我很強調在運動的過程裡，要自我肯定、自我鼓勵，你必須先相信自己做得到，才能愉快而正向地進行瘦身。

我建議大家在決定瘦身之前，可以先寫下瘦身的動力、原因和目標。不要太嚴格地對待自己，無論是運動或飲食的限制，都要在做得到的範圍內執行。特別要記得，體重不是判斷體態和身材的指標，當肌肉

變得緊實之後，體重甚至還會加重呢！纖體枕全效美型瘦身法是要讓妳變得健康、體態優美、身材勻稱，而體態的改變、肌肉的訓練都需要時間，與健康相關的一切，欲速則不達，慢慢地瘦下來，身體才不會有負擔。

健康、自信和自我肯定，都會在你養成規律、平衡的生活型態之後，成為瘦身成果的附加價值。我們這麼努力地希望自己再瘦一點，不也是為了變得更健康、更美麗、更自信嗎？

做好準備，開始動起來！

雖然纖體枕全效瘦身操簡單而方便，但對於沒有運動習慣的人來說，最好還是按部就班，從簡單的動作做起。另外也要注意以下幾點，才能保護自己，不致因為輕忽而受到運動傷害：

・・・ 環境布置

■ **鋪上瑜珈墊或在榻榻米上做**

在地板上做的動作,最好能使用瑜珈墊或是在榻榻米上做,也就是在比較堅固的表面進行,效果會比較明顯。在床上做會減少來自於地面的反作用力,是比較不適合的環境。

■ **不用穿鞋,服裝保持輕便舒適**

另外,在家裡做纖體枕全效瘦身操,是不需要穿鞋子的,最好是赤腳;服裝上只需要穿著輕便舒服、透氣排汗的材質和款式即可。

■ **放音樂舒緩心情,但要保持專注**

可以放一些輕鬆的音樂,讓自己在愉快的心情下瘦身,效果更好。在練習初期,建議不要邊看電視邊做,因為運動時還是需要一定程度的專注力以及運用「意識」來控制肌肉,太過分心會影響肌肉的收縮,甚至會受傷。

••• 運動流程

■ 根據套裝課程，來鍛鍊特定部位

從本書164頁開始，有針對特定目的所設計，以7天為一週期的「一週間速效纖體課程表」。如果妳特別想緊實上半身，可以按照課程表中的套裝運動來鍛鍊；一週之後，如果還想把上半身線條練得更漂亮，可以再做進階版，想要全身勻稱地瘦下來，則可以按照上半身、中段身和下半身這三大部分，完成共21天的完整練習。想要舒緩身心的小毛病，也可以按照154頁開始的建議運動來進行。

■ 也可自行搭配，讓動作多加變化

你也可以自行搭配想要做的動作，不一定要按照套裝組合的課程表來進行，不過最重要的是，一定要做暖身與緩和運動。每一次的暖身與緩和，可以盡量選擇不一樣的動作，讓全身都能訓練到。

■ 進行伸展動作，每次停留30秒

纖體枕全效瘦身操的動作有許多都和伸展有關。特別要留意的是，強化肌力的運動，停留時間可以依照自己的體適能狀態修正；伸展動作每一次的停留時間，則至少要有30秒，肌肉被拉伸開來的效果才能更持久。

■ 每天30分鐘，循序漸進不勉強

纖體枕全效瘦身操每天大約進行30分鐘，如果時間允許，超過30分鐘更好。不過我還是要強調，運動的過程一定要愉快而循序漸進，所以不要強迫自己嘗試做不來的動作。如果運動之後有頭暈、全身痠痛、過於疲累等不適感，代表你對自己太嚴格了，需要從更基礎的動作開始把底子打好，瘦身效果才會持久。

■ 開始與結束時，都要暖身和舒緩

每次運動時，都要先暖身，也就是從難度為一顆星星★（見右頁圖示）的動作開始做。暖身時間大約是5～10分鐘，當身體開始有點熱熱的感覺，再繼續練習比較困難的動作。結束之前也要保留5分鐘，讓身體慢慢緩和下來，緩和運動也要選擇一顆星星★的動作。

■ 速度必須放慢，並同時搭配呼吸

做任何動作時，速度都必須放慢，不要有勉強的感覺。記得要配合呼吸，千萬不要憋氣。

■ 參考圖解示範，做好每一步鍛鍊

接下來，我們將藉由七個單元的纖體枕全效瘦身操，幫助你有效鍛鍊、解決各種局部肥胖問題。每個單元都有6～7式瘦身操，每一式都會清楚標示以下項目，讓你了解它的鍛鍊功能與強度，選擇最適合自己的搭配組合來瘦身──

① **難度**：說明本運動的難度高低，從★到★★★★不等。

② **體雕部位**：本運動所鍛鍊、修飾的肌肉部位與體態問題。

③ **時間**：完成本運動所需的時間。

④ **纖體枕位置**：進行本運動時，纖體枕應該置放的正確位置。

⑤ **變化動作**：從基本動作所衍生，可簡化或強化鍛鍊的變化形動作。

⑥ **小叮嚀**：進行本運動時所應注意的各種重點小提示。

呼吸、放鬆與伸展

正確呼吸、有效放鬆和伸展，
才能解放肌肉的僵硬，找回身體的柔軟度！

想讓體態優美，首要的關鍵就是先懂得正確呼吸。現代人因為生活步調緊湊、忙碌，每天「趕、趕、趕」的作息，讓我們漸漸遺忘了最基本的生存要素：呼吸的速度變得不協調，所以肌肉緊繃僵硬；經常忙到忘記口渴，因此水分的補給相當缺乏。

緊張、焦慮、不安等負面情緒，都會改變呼吸的頻率和協調性，像是上台前呼吸會變得急促；但如果在潛意識裡，情緒一直處於緊繃狀態，呼吸方式就很容易改變上半身的體態，出現聳肩、駝背等不良姿勢。因此練好呼吸法（84～85頁），讓身體懂得放鬆，是纖體枕全效美型瘦身法的最重要基礎。

我們曾提過「長肌肉、短肌肉」的概念，對於初期想改變體態的人，也可以利用「放鬆練習」（86～93頁）和「伸展練習」（94～99頁），慢慢拉長不停在收縮的短肌肉。做放鬆練習時，只要每天在纖體枕上停留15分鐘，就可以改善原本

Relaxation and Stretch

過彎或過直的脊椎弧度。伸展練習則能讓肌肉先獲得局部舒緩，增加整體的協調性，接下來就可以透過肌力訓練來增強較弱的肌群；每一次的伸展最好能停留30秒，效果較為明顯，之後稍微放鬆約3~5秒，再繼續重複。

還有一種比較進階的伸展法──Proprioceptive Neuromuscular Facilitation（PNF），中文譯為「本體感覺神經肌肉誘發術」，主要是搭配伸展和收縮的技巧，以達到深度肌肉的伸展效果。首先要讓需要被伸展的肌肉做有阻力的收縮，維持約5~6秒，而後做30秒的深度伸展。相較於一般的伸展，當肌肉先短暫收縮再放鬆，延展的效果會更好。這種伸展法原用於病患的復健，後來廣泛運用在運動員身上，對於關節的活動度、肌肉的柔軟度，都有顯著的提升。本章也將介紹3種運用到PNF概念的伸展運動（100～103頁）。

Relaxation and Stretch

呼吸練習 |鍛鍊目標| 腹式呼吸

難度：★☆☆☆　｜　時間：10分　｜　纖體枕位置：頸部後方

1 先讓自己仰躺在一個舒服的環境裡，不被打擾。剛開始練習時，目標是讓負責呼吸的深層肌肉能夠被「意識」控制，學會使用腹部、橫膈膜和肋骨周遭的肌肉做深度的呼吸，就可以避免胸口、肩胛、肩頸處的肌肉被過度使用。

2 仰躺時，可以先將雙手放在腹部上方、肋骨下緣的位置，也就是橫膈膜連結到肋骨的所在。先做一個用鼻子和嘴巴同時吐氣的動作，把氣全部吐完，還要稍微讓腹部往內壓進去，也就是肚子會扁扁的。

3 稍做停留後，用很慢的速度從鼻子吸氣，感覺腹部像是氣球一樣慢慢地脹大，同時用手來感覺橫膈膜在吸氣和吐氣時的變化，肋骨會隨著吸氣和吐氣的過程，鼓起和縮下。

4 練習呼吸法時，要想像氧氣已經到達身體的中心位置，並且能傳送到體內各處供組織、細胞進行交換。你可以墊一個彈性豐富的枕頭，或是把纖體枕橫放在頸部後方作為支撐，讓肩膀、脖子能完全放鬆，初期可以10分鐘作為練習時間。

呼吸、放鬆與伸展

小叮嚀 比較熟練後，再嘗試將這樣用腹部做深度呼吸的技巧，運用在平時坐著、站著或工作等其他情境裡，成為一個不必特別思考就能自然行使的習慣。

Part2 *Sculpture Your Body* 085

Relaxation and Stretch

放鬆練習第 1 式 | 鍛鍊目標 | 增加頸部弧度

難度：★☆☆☆ | **時間：16~17分** | **纖體枕位置：頸部後方與地面的空隙**

1 放鬆仰躺在瑜珈墊上，將纖體枕橫放在頸部後方與地面之間的空隙，雙手自然垂下，雙膝彎曲，腳掌貼於地面，感覺後頸逐漸被拉開，停留約15分鐘。

小叮嚀 | 低頭族、電腦族、上班族或菜籃族，都可以利用這項練習來放鬆緊繃的頸部。

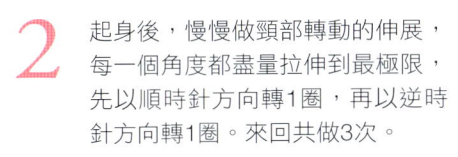

2 起身後,慢慢做頸部轉動的伸展,每一個角度都盡量拉伸到最極限,先以順時針方向轉1圈,再以逆時針方向轉1圈。來回共做3次。

呼吸、放鬆與伸展

Part2 Sculpture Your Body 087

Relaxation and Stretch

放鬆練習第 **2** 式 |鍛鍊目標| 減少頭頸前傾

難度：★☆☆☆ ｜ 時間：16~17分 ｜ 纖體枕位置：頸部後方連接胸椎處

1 放鬆仰躺在瑜珈墊上，將纖體枕橫放在頸部後方連接胸椎的交接處，雙手自然垂下，雙膝彎曲，腳掌貼於地面，頭部自然後仰，感覺前頸、喉嚨一帶逐漸被拉開，停留約15分鐘。

小叮嚀
- 缺乏自信者、低頭族、上班族或開車族經常會維持頭頸前傾的姿勢，可藉此動作活絡肩頸。
- 請參照86頁和本頁上方的特寫圖，注意放鬆練習第1式和第2式的纖體枕位置，有著些微的不同。第1式是在頸部正後方，第2式是再往下一點，位於肩膀上緣。

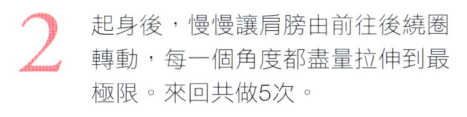

2 起身後，慢慢讓肩膀由前往後繞圈轉動，每一個角度都盡量拉伸到最極限。來回共做5次。

呼吸、放鬆與伸展

Part2 Sculpture Your Body

Relaxation and Stretch

放鬆練習第 3 式 ｜鍛鍊目標｜ 放鬆胸口肌肉

難度：★☆☆☆ ｜ 時間：16~17分 ｜ 纖體枕位置：背部正中央脊椎處

1 放鬆仰躺在瑜珈墊上，將纖體枕直放在背部正中央脊椎處，身體兩側、頭部和雙手都自然垂下，感覺胸口逐漸被拉開，停留約15分鐘。

2 起身後，左右手交握，將左手臂往上抬到超過頭頂的高度，拉伸手臂下方的肌肉，同時擴開胸口，停留約10秒，換邊再做同樣的動作。來回共做3次。

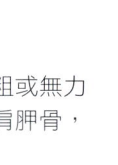

小叮嚀 駝背、肩膀內旋、手臂過粗或無力的人，可藉此拉開胸口和肩胛骨，同時伸展手臂肌肉。

Relaxation and Stretch

放鬆練習第 **4** 式 | 鍛鍊目標 | 舒緩肩胛骨壓力

難度：★☆☆☆ | **時間：16～17分** | **纖體枕位置：背部中間弧度最彎處**

呼吸、放鬆與伸展

1 放鬆仰躺在瑜珈墊上，將纖體枕橫放在背部中間弧度最彎的位置，雙手往兩側平伸與身體垂直，感覺胸口和肩膀周遭逐漸被拉開，停留約15分鐘。

2 起身後，慢慢做擴胸的伸展，將右手肘往身後彎曲，左手手肘往上拉，直到左右手手指能交扣在一起，胸口擴開，背部往上挺起，停留約10秒，換邊再做同樣的動作。來回共做3次。

小叮嚀 這個動作很適合駝背、肩胛骨外翻、經常提舉重物者或新手媽媽練習，以減輕肩胛骨承受的壓力。

Part2 Sculpture Your Body 091

Relaxation and Stretch

放鬆練習第 5 式 |鍛鍊目標| 增加腰部弧度

難度：★☆☆☆ | 時間：16~17分 | 纖體枕位置：腰部與地面之間的空隙

1 放鬆仰躺在瑜珈墊上，將纖體枕橫放在腰部與地面之間的空隙，雙手往兩側平伸與身體垂直，腰部弧度過直的人會感覺腰被頂起來，下背部到臀部一帶逐漸被拉開，停留大約15分鐘。

2 起身後，雙腿伸直，慢慢彎腰，以伸展後腰的肌肉，雙手自然垂放在腿上，讓腰部盡量拉伸到最極限，停留約10秒，再起身挺直。來回共做5次。

小叮嚀
- 這個動作很適合駝背、骨盆後傾、腹肌無力、經常腰痠背痛的人多多練習。
- 平時上班、開車，或是回家後坐在沙發上時，也可以將纖體枕放在後腰當成靠墊支撐，以維持腰部應有的弧度，同時減緩腰椎的不適感。

Relaxation and Stretch

放鬆練習第 6 式 | 鍛鍊目標 | 放鬆臀部肌肉

難度：★☆☆☆ | 時間：16~17分 | 纖體枕位置：骨盆下方

呼吸、放鬆與伸展

1 放鬆仰躺在瑜珈墊上，將纖體枕橫放在骨盆下方，也就是腰椎連接到臀部的位置，雙手往兩側平伸與身體垂直，雙膝彎曲，腳掌貼於地面，感覺腰部和臀部周遭的肌肉逐漸被拉開，停留約15分鐘。

2 繼續仰躺在瑜珈墊上，將纖體枕移開，用雙手抱握住小腿，伸展臀部後方的肌群，停留約10秒，再將雙腿放下伸直。來回共做5次。

小叮嚀 | 骨盆前傾、臀部胖或下垂、大腿過粗以及久坐的上班族，都可以多做這項練習。

Part2 Sculpture Your Body 093

Relaxation and Stretch

伸展練習第 ① 式 | 鍛鍊目標 | 矯正肩膀內旋

難度：★★☆☆ ｜ **時間**：12分 ｜ **纖體枕位置**：背部正中央脊椎處

1. 放鬆仰躺在瑜珈墊上，將纖體枕直放在背部正中央脊椎處，身體兩側、頭部和雙手都自然垂下，感覺胸口逐漸被拉開，停留約1分鐘。

2. 將雙手慢慢往上拉伸，手不要碰到地面，雙腿往下用力，側身和背部應有伸展開來的感覺，停留約30秒，再慢慢回到1的位置。來回共做8次。

小叮嚀
- 這個動作主要是擴開胸口的肌肉，並增加肩膀外旋的角度；此外，由於背部肌肉需要收縮用力，所以也能鍛鍊到此處，很適合菜籃族、電腦族、文書工作者或情緒緊繃者練習。
- 剛開始練習時，肩膀、背部一帶可能會有些微痠痛感，這是正常現象，不用擔心。

Relaxation and Stretch

伸展練習第 2 式 ｜鍛鍊目標｜ 矯正背部弧度

難度：★☆☆☆ ｜ 時間：12分 ｜ 纖體枕位置：背部中間弧度最彎處

呼吸、放鬆與伸展

1 放鬆仰躺在瑜珈墊上，將纖體枕橫放在背部中間弧度最彎的位置，雙手往兩側平伸與身體垂直，感覺胸口逐漸被拉開，停留約1分鐘，盡量做深而長的呼吸。

2 將雙手慢慢往上拉伸，手不要碰到地面，雙腿往下用力，側身和背部應有伸展開來的感覺，停留約30秒，再慢慢回到1的位置。來回共做8次。

小叮嚀
- 這個動作主要是改善胸椎過彎的弧度，適合駝背、缺乏自信者、上班族或低頭族練習。
- 剛開始練習時，要特別留意呼吸，因為肋骨和橫膈膜的弧度會被拉開，對於過去呼吸方法錯誤的人來說，會覺得在這個姿勢下做深沉呼吸不太容易。盡量把注意力集中在呼吸速度和背部肌肉，就可以慢慢適應深沉呼吸的感覺了！

Part2 Sculpture Your Body

Relaxation and Stretch

伸展練習第 **3** 式 |鍛鍊目標| 改善頭頸前傾

難度：★☆☆☆ | 時間：10分 | 纖體枕位置：用雙手扣在後頸部

1 放鬆坐在瑜珈墊上，雙臂往後彎曲，將纖體枕橫放在後頸部用手肘扣住，十指交扣置於其上，感覺胸口逐漸被拉開，後頸部同時獲得舒緩，停留約1分鐘，盡量做深而長的呼吸。

正面

側面

2 慢慢把手放下，稍做休息後再重複同樣的動作。來回共做10次。

背面

小叮嚀　這個動作主要是伸展後頸並達到擴胸目的，因為沒有空間限制，很適合平常看電視或敷面膜的時候做。低頭族、電腦族或駝背、肩頸痠痛者可多多練習。

Relaxation and Stretch

伸展練習第 4 式 ｜鍛鍊目標｜改善駝背姿勢

難度：★☆☆☆ ｜ 時間：10分 ｜ 纖體枕位置：用雙手扣在後背部

1 放鬆坐在瑜珈墊上，雙臂往後伸展，將纖體枕橫放扣在後背部，感覺胸口逐漸被拉開，後背部往上提起，停留約1分鐘，盡量做深而長的呼吸。

正面

側面

背面

2 慢慢把手放下，稍做休息後再重複同樣的動作。來回共做10次。

小叮嚀 這個動作很適合習慣性駝背、肩胛骨外翻、手臂粗、容易聳肩的人練習，使用纖體枕輔助，可以讓肌肉完成更深層的擴展。

呼吸、放鬆與伸展

Part2 Sculpture Your Body

Relaxation and Stretch

伸展練習第 5 式 |鍛鍊目標| 改善腰椎弧度

難度：★☆☆☆ ｜ 時間：12分 ｜ 纖體枕位置：腰部與地面的空隙

1 放鬆仰躺在瑜珈墊上，將纖體枕橫放在腰部與地面之間的空隙，雙手往兩側平伸與身體垂直，感覺腰部和臀部周遭的肌肉逐漸被拉開，停留約1分鐘。

2 將雙手慢慢往上拉伸，手不要碰到地面，雙腿往下用力，腰部、臀部和背部應有伸展開來的感覺，腹肌需要同時收縮，停留約30秒，再慢慢回到1的位置。來回共做8次。

小叮嚀
- 這個動作主要是矯正腰椎過直的弧度，很適合骨盆歪斜或後傾、下半身浮腫、腹肌無力的人多多練習。
- 剛開始練習時，腰、臀和背部可能會有一點點痠痛感，腹肌也可能因收縮用力而覺得些微痠痛，這是正常現象，不用擔心。

Relaxation and Stretch

伸展練習第 6 式 ｜鍛鍊目標｜改善骨盆歪斜

難度：★☆☆☆ ｜ 時間：12分 ｜ 纖體枕位置：骨盆下方

呼吸、放鬆與伸展

1 放鬆仰躺在瑜珈墊上，將纖體枕橫放在骨盆下方，也就是腰椎連接到臀部的位置，雙手往兩側平伸與身體垂直，雙膝彎曲，腳掌貼於地面，感覺腰部和臀部周遭的肌肉逐漸被拉開，停留約1分鐘。

2 將雙手慢慢往上拉伸，手不要碰到地面，雙腿往下用力，腰部、臀部和背部應有伸展開來的感覺，停留約30秒，再慢慢回到1的位置。來回共做8次。

小叮嚀

- 這個動作主要是改善骨盆的弧度，適合胖臀部、骨盆前傾、大腿粗、常穿高跟鞋的人練習。伸展時最好也能收縮骨盆底肌群，一併鍛鍊到骨盆深層的肌肉。
- 剛開始練習時，腰、臀和背部可能會有一點點痠痛感，腹部也可能因收縮用力而覺得些微痠痛，這是正常現象，不用擔心。

Part2 Sculpture Your Body 099

Relaxation and Stretch

PNF練習第 1 式 ｜鍛鍊目標｜ 伸展大腿後側肌群

難度：★☆☆☆ ｜ 時間：5分 ｜ 纖體枕位置：小腿肚下方

1. 放鬆坐在瑜珈墊上，左腿彎曲，腳掌貼於地面，右腿膝蓋略彎，將纖體枕橫放在小腿肚下方。

2. 右腿從小腿肚將纖體枕往下壓，感覺右大腿後側收縮用力，停留約6秒。

3. 將右腿放鬆打直，身體往前傾，盡量讓雙手手指碰到右腳趾，停留約30秒，右大腿後側應該有伸展開來的感覺，換邊再做同樣的動作。來回共做3次。

小叮嚀

◆ 這個動作很適合胖臀部、長時間久坐、小腹突出、大腿過粗的人多多練習。
◆ 每做一次，大腿後側應該都有伸展更多的感覺。往下用力時，要注意力量的分配，如果身體有抖動的狀況，就表示太用力了。如果在步驟3時，手指無法碰到腳趾，先從碰到小腿做起就好。

Relaxation and Stretch

PNF練習第 2 式 | 鍛鍊目標 | 伸展大腿內側肌群

難度：★☆☆☆ ｜ 時間：5分 ｜ 纖體枕位置：腳掌下方

呼吸、放鬆與伸展

1 放鬆坐在瑜珈墊上，雙腳腳掌合併，用雙手握住，將纖體枕橫放在腳掌下方。

2 雙手固定住腳掌，膝蓋朝手肘方向往上施力，手肘則往下壓頂住膝蓋，讓兩者彼此進行阻力抗衡的訓練，停留約6秒。

3 雙腿放鬆，雙手繼續固定住腳掌的位置，身體往前彎曲，停留約30秒，鼠蹊部和大腿內側應有伸展開來的感覺。來回共做3次。

小叮嚀
- ◆ 這個動作很適合大腿內側鬆垮、胖臀部、大腿過粗、久坐的人多多練習。
- ◆ 每做一次，大腿內側應該都有伸展更多的感覺。往下用力時，注意不要讓鼠蹊部有疼痛感，只需要覺得有伸展即可。

Part2 Sculpture Your Body 101

Relaxation and Stretch

PNF練習第 3 式 ｜鍛鍊目標｜ 伸展後背肌群

難度：★★☆☆ ｜ 時間：5分 ｜ 纖體枕位置：鼠蹊部上方

1 放鬆坐在瑜珈墊上，將纖體枕橫放在鼠蹊部上方，雙膝彎曲，腳掌貼於地面，雙手交扣環抱住小腿。

2 身體夾緊纖體枕，腹部收縮，雙腳離地，下巴內收，用全身的力量抱緊雙腿，停留約6秒。

3 雙手慢慢鬆開,十指交扣環抱住小腿,膝蓋鬆開,頭部自然下垂,從頸部到背部、後腰應該都會有深度伸展開來的感覺,停留約30秒。來回共做3次。

呼吸、放鬆與伸展

小叮嚀

- 這是難度較高的伸展動作,但同時也可以拉開較深層的肌群,適合身體過厚、手臂過粗、小腹過大的人或新手爸媽多多練習。
- PNF伸展法中很重要的概念,就是在收縮之後放鬆,所以進行步驟2時,上半身和下半身應該用力夾住纖體枕;進行步驟3時,身體則要完全放鬆,只靠手指環扣住小腿。
- 這個動作對於放鬆背部有很顯著的效果,同時能讓深層腹肌用力,所以做完之後腹部會有些微痠痛感,這是正常現象,不用擔心。

我的手臂變細了

均衡地訓練二頭肌和三頭肌，
不要給予過重的負擔，手臂才會纖細又修長！

經常提舉重物的你，是不是覺得自己的手臂愈來愈粗、身體愈來愈厚，但掰掰袖卻還是愈來愈鬆，整隻手臂就是又粗又鬆又垮的樣子？

手臂的肌肉就和身體其他各處的肌肉一樣，都會在經常收縮、使用的狀態下變「短」；而在「短肌肉」的背後，就需要有「長肌肉」讓身體達成平衡。上手臂最常被用以提舉、抓握、使力的肌肉，叫做「二頭肌」，也就是平時健美先生展現上半臂時的突出肌肉。一般人雖然沒有特別專注於鍛鍊肌肉，可是如果經常要抱小孩、提重物、背很重的包包，或是頻頻做提舉的動作，一樣會讓二頭肌變得壯碩，相對地讓手臂後側的「三頭肌」變得鬆軟無力，漸漸就成了大家口中的「掰掰袖」或「蝴蝶袖」了！

這也是為什麼，我經常聽到女性朋友抱怨，自己已經很努力做運動了，手臂卻還是愈練愈粗，想要的緊實效果一點也看不到，原因就出在方法不對。

Shoulders and Arms

二頭肌和三頭肌的訓練，在份量上需要一定的平衡，才能讓手臂均衡地收縮用力。運動如果是為了讓自己看起來更纖細、更緊實，平時就不要提舉過重的東西，運動訓練重量也要控制在可以輕易提起的範圍內，千萬別認為有點吃力才有效，這樣可是會把肌肉練得粗壯，讓你從「小胖胖」變成「小壯壯」喔！

多加強手臂的訓練，另一個附加效果就是能讓肩關節更加平衡。前面提過，肩關節是由肱骨、肩胛骨和鎖骨連結而成，如果周遭的肌肉使用過度失衡，肩胛骨和肩膀上方的肌肉就會變得肥厚，而顯出肥胖的樣子。鍛鍊手臂的纖體枕瘦身操不難，最重要的還是讓各處肌肉能夠「平衡」發展，這樣手臂、肩膀、上半身，自然就會慢慢變纖細、變緊實囉！

Shoulders and Arms

第 ① 式 |體雕部位| 上臂內外側

難度：★☆☆☆ ｜ 時間：5分 ｜ 纖體枕位置：用手掌夾住

1 放鬆坐在瑜珈墊上，在肩膀的高度用雙手手掌夾住直立的纖體枕，彎曲手肘約90度，讓下臂盡量與地面平行，手掌用力往內擠壓，停留約10秒。

2 慢慢把手放鬆，上臂內側應有收縮用力的感覺，接著再重複同樣的動作，共做20次。

變化動作1　難度：★★☆☆

熟練後可以提高難度：繼續將纖體枕握於肩膀高度，手肘伸直，同樣往內擠壓，上臂的內外側都會有用力的感覺。停留的時間仍然從10秒開始，若是想加強效果，也可逐漸增加為20秒。

變化動作2　難度：★★☆☆

另一個變化是：繼續握住纖體枕，但是將雙手提舉到超過頭頂，手肘伸直，同樣往內擠壓，上臂的內外側都會有用力的感覺。停留的時間仍然從10秒開始，若是想加強效果，也可逐漸增加為20秒。

我的手臂變細了

小叮嚀　這是一個初階鍛鍊動作，很適合作為開始前的暖身、或是結束前的緩和運動。記得在往內擠壓的時候，只需要感覺有用力即可，將注意力集中於上臂的收縮，效果會更明顯。

Part2 Sculpture Your Body　107

Shoulders and Arms

第 2 式 |體雕部位| 手臂、背部、臀部、腹部

難度：★★☆☆ ｜ 時間：2分 ｜ 纖體枕位置：膝蓋下方

1 放鬆趴跪在瑜珈墊上，將纖體枕橫放在膝蓋下方，手掌貼於地面並往內轉90度與手臂垂直，手肘打直，腳踝交叉，讓身體盡量呈四肢跪地的ㄇ字形。

2 慢慢彎曲手肘，使身體下沉，背部盡量保持一直線，在底部停留約2~3秒，再慢慢回到1的位置，手臂和背部應有收縮用力的感覺，臀部和腹部則會同時用力，維持身體的平衡。來回共做20次。

小叮嚀 這個動作是伏地挺身的變化形，很適合剛開始鍛鍊手臂的女性，難度要比標準版的伏地挺身簡單許多，所以很容易上手。將纖體枕放在膝蓋下方，除了減少膝蓋直接碰觸地面的不適感，也可以增加身體需要平衡的難度。

Shoulders and Arms

第 3 式　|體雕部位| 手臂、胸部

難度：★☆☆☆　|　時間：2分　|　纖體枕位置：背部正中央脊椎處

1. 放鬆仰躺在瑜珈墊上，將纖體枕直放在背部正中央脊椎處，雙膝彎曲，腳掌貼於地面，手肘彎曲90度，手臂貼近地面但不要碰地，輕輕握拳。

2. 手肘維持90度彎曲，慢慢讓肩膀往內轉動，將手舉高至胸口，停留約2~3秒，再慢慢回到1的位置，胸口應有被擴開的感覺，手臂也有收縮用力的感覺。來回共做20次。

我的手臂變細了

變化動作　難度：★★☆☆

熟練後可以提高難度：手握約1磅的啞鈴，做相同的動作。

Part2 Sculpture Your Body　109

Shoulders and Arms

第 4 式 |體雕部位| 側身、背部、上臂內外側

難度：★★☆☆ ｜ 時間：2分 ｜ 纖體枕位置：背部正中央脊椎處

1 放鬆仰躺在瑜珈墊上，將纖體枕直放在背部正中央脊椎處，雙膝彎曲，腳掌貼於地面，雙手往兩側平伸與身體垂直，手掌朝上貼近地面但不要碰地。

2 手肘繼續打直，慢慢轉動肩膀，將雙手往上拉伸到與身體成一直線，停留約2~3秒，再慢慢回到1的位置。來回共做20次。

變化動作 難度：★★★☆

熟練後可以提高難度：手握約1磅的啞鈴，做相同的動作。

Shoulders and Arms

第 5 式　|體雕部位| 背部、上臂內外側

難度：★★☆☆　|　時間：2分　|　纖體枕位置：背部正中央脊椎處

1. 放鬆仰躺在瑜珈墊上，將纖體枕直放在背部正中央脊椎處，雙膝彎曲，腳掌貼於地面，雙手伸直舉高，與身體成90度垂直，輕輕握拳。

2. 彎曲右手手肘，停留約2~3秒，再換邊彎曲左手手肘，停留約2~3秒，就像是用手在空中騎腳踏車的動作。來回共做20次。

變化動作　難度：★★★☆

熟練後可以提高難度：手握約1磅的啞鈴，做相同的動作。

我的手臂變細了

Shoulders and Arms

第 6 式　|體雕部位|　手臂、背部、臀部、腹部

難度：★★☆☆　|　時間：2分　|　纖體枕位置：骨盆下方

1 放鬆坐在瑜珈墊上，將纖體枕橫放在骨盆下方，雙膝彎曲，腳掌貼於地面，雙手往後放，手肘打直，用手臂的力量將身體撐起。

2 彎曲手肘，繼續用手臂的力量撐住身體，在手肘彎曲和伸直的同時，也輕輕、慢慢地滾動纖體枕，約2~3秒完成一次來回，手臂後側應有收縮用力的感覺。來回共做20次。

變化動作　難度：★★★☆

熟練後可以提高難度：右膝維持彎曲，左膝則伸直離地，上半身維持相同的動作。手臂彎曲和伸直來回做10次，換邊再做10次。

我的手臂變細了

小叮嚀　這個動作除了可以訓練手臂的肌肉，腹部和背部的肌肉也會同時用力。因為難度稍高，記得用力時要保持平穩的呼吸，不要憋氣。

Part2 Sculpture Your Body　113

讓小腹一路平坦

好好鍛鍊核心肌群，當腹部肌肉有了力量，
脂肪就無法趁「虛」而入！

對於缺乏運動的上班族、或是剛生產完的新手媽媽來說，「小腹」真是很難擺脫的夢魘！

許多上班族的生活作息，都是進了辦公室就一整天坐著，下班回家繼續慵懶地窩在沙發上，接著在床上休息了七、八個小時，又展開新的一天。當坐臥的時間過長，又沒有特別留意姿勢，腹部的脂肪就很容易悄悄上身，以一年一公斤的速度，慢慢囤積在你的身體裡！

產後的媽媽們對於小腹一整圈的肉更是大傷腦筋。市面上許多塑身衣的確有一定程度的調整效果，能將脂肪包覆在特定位置，同時因為緊密地貼住身體，而有提醒的功用，當體態的壞習慣被修正，身材比例自然能變好。不過，如果只靠塑身衣來雕塑身形，沒有搭配適當的運動和持續正確的習慣，脫掉塑身衣之後，肌肉還是沒有力氣，脂肪也依舊存在，只能有暫時性成效。

Waist and Abs

年過三十的男性，如果缺乏適當的運動，也會冒出「大肚腩」。許多好朋友都會問我：「為什麼我不喝啤酒，啤酒肚還是這麼大？」其實，這個現象的成因也和女性一樣，都是久坐、缺乏運動、飲食不正常、錯誤體態所導致。

腹部脂肪的累積，和核心肌群缺乏鍛鍊有著絕對密切的關係。而腹部肌肉更是「核心肌群」中的「核心」，好好鍛鍊這裡的深層肌肉和淺層肌肉，當腹部有了力量之後，無論站立、跑步或走路，體態都會更加輕盈優美，也會更顯精神與自信。

Waist and Abs

第 **1** 式　|體雕部位| 腰部、腹部、腿部

難度：★★☆☆　|　時間：5分　|　纖體枕位置：大腿之間

1 放鬆仰躺在瑜珈墊上，將纖體枕直放在大腿之間夾緊。

2 夾著纖體枕，慢慢將雙腿抬起，提到與地面約成60度，停留約10秒，再回到1的位置，腿部和腹部應有用力的感覺。來回共做20次。

> **變化動作**　難度：★★★☆
>
> 腹部比較有力量的人，也可以停留在60度之後，繼續將雙腿上提到90度與地面垂直，同樣停留約10秒，再回到1的位置。來回共做20次。

小叮嚀　這是一個練習腹部和腿部用力的初階動作，當雙腿夾緊時，可以同時有意識地收縮骨盆底肌群，會更有效果。

Waist and Abs

第 2 式 ｜體雕部位｜ 深層腹部肌肉

難度：★★☆☆ ｜ 時間：5分 ｜ 纖體枕位置：膝蓋後方

1 放鬆仰躺在瑜珈墊上，雙膝彎曲抬起，將纖體枕橫放在膝蓋後方，用大腿和小腿夾緊，雙手十指交扣環抱住小腿。

2 慢慢收縮腹部肌肉，盡量將膝蓋拉近胸口，用腹部的力量將臀部抬離地面，停留約10秒，感覺深層腹肌的收縮，再回到1的位置。來回共做20次。

變化動作　難度：★★★☆

若想進行更深層的鍛鍊，可以提起頭部靠近膝蓋，以拉開整個背部，同樣停留約10秒，再回到1的位置。來回共做20次。

小叮嚀　這個動作主要是透過屈膝來鍛鍊深層腹部肌肉的收縮，同時訓練身體的柔軟度，很適合剛開始瘦身的人嘗試。

讓小腹一路平坦

Part2 Sculpture Your Body 117

Waist and Abs

第 3 式 | 體雕部位 | 腹部

難度：★★☆☆ | 時間：5分 | 纖體枕位置：骨盆下方

1. 放鬆仰躺在瑜珈墊上，將纖體枕橫放在骨盆下方，雙膝彎曲，腳掌貼於地面，雙手十指交扣放在頭部後側。

2. 雙手托住頭部，慢慢從腹部用力，將上背部提起離開地面，像是做仰臥起坐一樣，停留約10秒，再回到1的位置。來回共做20次。

變化動作 難度：★★★☆

熟練後可以提高難度：將纖體枕直放在背部正中央脊椎處。

讓小腹一路平坦

小叮嚀　這是一個類似仰臥起坐的動作，不過不需要完全坐起來，只要感覺到腹部在收縮即可。加上纖體枕會讓平衡的難度增高一些，對於剛開始瘦身的人來說稍有難度，可以慢慢練習。

Part2 *Sculpture Your Body*

Waist and Abs

第 4 式 |體雕部位| 側腰、腹部

難度：★★★☆ | 時間：5分 | 纖體枕位置：骨盆下方

1 放鬆仰躺在瑜珈墊上，將纖體枕橫放在骨盆下方，雙膝彎曲，腳掌貼於地面，雙手十指交扣放在頭部後側。

2 雙手托住頭部，右腳跨過左腳，讓雙腿膝蓋交叉。

3 慢慢從腹部用力，將上背部提起離開地面，像是做仰臥起坐一樣，停留約10秒，再回到1的位置，來回共做10次。換邊再做同樣的動作。

變化動作 難度：★★★★

熟練後可以提高難度：將纖體枕直放在背部正中央脊椎處。

讓小腹一路平坦

小叮嚀 這是另一個仰臥起坐的變化形動作，不同的是可以緊實側腹部的肌肉，對於剛開始瘦身的人來說稍有難度，可以慢慢練習。

Waist and Abs

第 5 式　|體雕部位| 深層腹部肌肉、大腿內側

難度：★★★☆　|　時間：5分　|　纖體枕位置：骨盆下方

1 放鬆仰躺在瑜珈墊上，將纖體枕橫放在骨盆下方，雙手往兩側平伸與身體垂直，髖關節和膝蓋都彎曲90度，讓大腿與地面垂直，小腿與地面平行。

2 慢慢伸直膝蓋，雙腿併攏夾緊，讓大腿和小腿成一直線與地面垂直，停留約10秒，再慢慢彎曲膝蓋，回到1的位置，大腿內側和腹部應有用力的感覺。來回共做20次。

小叮嚀　｜　這是一個鍛鍊深層腹肌的動作，難度相對較高，如果中途覺得腿部或腹部很痠，可以稍做休息再繼續。

Waist and Abs

第 **6** 式 |體雕部位| 腰部、腹部、大腿

難度：★★★☆ ｜ 時間：5分 ｜ 纖體枕位置：骨盆下方

1 放鬆仰躺在瑜珈墊上，將纖體枕橫放在骨盆下方，手肘彎曲約90度將上半身架起，雙膝彎曲，腳掌貼於地面。

2 將雙腿抬起伸直與地面約成60度，再讓膝蓋和髖關節彎曲90度，使大腿與地面垂直，小腿與地面平行。在雙腿伸直和彎曲的同時，輕輕、慢慢地滾動纖體枕，約2~3秒完成一次來回，腹部應有收縮用力的感覺。來回共做20次。

讓小腹一路平坦

小叮嚀｜這個動作對於腰部和大腿的緊實效果很好，記得膝蓋要盡量併攏夾緊，如果中途覺得腿部或腰部很痠，可以稍做休息再繼續。

Part2 Sculpture Your Body 123

練出美臀俏曲線

先「喬」好骨盆位置，
再加強下腹部肌力，腰臀之間魅力盡現！

擁有比例恰到好處，豐潤又有彈性的臀部，應該是所有女性的夢想。可惜許多台灣女性因為工作時需要久坐，或是產後缺乏運動，臀部似乎都有「愈坐愈大」的趨勢。

臀部脂肪的堆積，和生活習慣有非常直接的關連。缺乏足夠的鍛鍊，加上錯誤的步態，都會讓骨盆長期處於格外「吃力」的情況，尤其臀型如果是某個區塊特別扁，髖關節外側特別突出，或是臀部下方特別塌垂，這都是體態錯誤而導致的身材變化。

要讓自己的臀部ㄅㄨㄞㄅㄨㄞ有彈性，首先就要讓骨盆處於最佳體態。如果不太滿意臀型，覺得骨頭太突出、腰部弧度太大，或是臀圍比例太寬，有可能是「骨盆前傾」，要從伸展腰部做起，進而再做一些臀部的鍛鍊。如果發現臀部

Hips and Buttock

的肉總是鬆鬆垮垮的,腰部弧度不太夠,肚子總是挺出來,就有可能是「骨盆後傾」,則要先訓練腰部肌肉,同時增加臀部周圍肌肉的力量。

要把「大屁股」瘦下來,特別需要「內外兼顧」,同時鍛鍊深層肌肉和淺層肌肉,也就是整個下腹部——包括核心肌群和骨盆底肌群,才能徹底改變身形,恢復正確體態。

剛開始瘦身的人,建議不要馬上就挑戰難度太高的動作,可以先利用纖體枕做簡單的伸展、放鬆練習,調整原本歪斜的脊椎和骨盆;建立有效的運動習慣之後,再慢慢嘗試難度更高的纖體枕瘦身操。

Part2 Sculpture Your Body

Hips and Buttock

第 **1** 式 ｜體雕部位｜ 臀部、腹部

難度：★☆☆☆ ｜ 時間：10分 ｜ 纖體枕位置：骨盆下方

1 放鬆仰躺在瑜珈墊上，將纖體枕橫放在骨盆下方，使腰椎和地面之間形成一個小空隙，雙膝彎曲，腳掌貼於地面，雙手往兩側平伸與身體垂直。

2 慢慢將腰椎往下壓貼近地面，同時將臀部和雙腿夾緊，想像尾椎的角度向上捲起，腹部內收，整個骨盆應有往內部收縮的感覺，停留約30秒，再慢慢放鬆，回到1的位置。來回共做20次。

小叮嚀 ｜ 這是收縮臀部肌肉的初階動作，主要是讓腹部和臀部練習收縮用力，在臀部和腿部夾緊的同時，骨盆底肌群也要同時用力。記得收縮時要將意識放在臀部和骨盆底，鍛鍊深層肌肉。

Hips and Buttock

第 2 式 |體雕部位| 臀部、大腿內側、骨盆底肌群

難度：★☆☆☆ ｜ 時間：10分 ｜ 纖體枕位置：大腿之間

1 放鬆仰躺在瑜珈墊上，將纖體枕直放在大腿之間夾緊。雙膝彎曲，腳掌貼於地面，雙手往兩側平伸與身體垂直。

2 慢慢收縮臀部、腰部和腹部周遭的肌肉，將身體從腹部往上提起，從膝蓋、腰部、背部，直到肩膀成一直線，停留約30秒，再依序將肩膀、背部、腰部慢慢放下。來回共做20次。

小叮嚀 這是瑜珈動作「橋式」的變化形，除了提起臀部，增加夾住纖體枕的步驟，可強化大腿內側和骨盆底的用力，臀部緊實效果會更明顯。剛開始練習時，臀部可能會有些微痠痛感，這是正常現象，不用擔心。

練出美臀俏曲線

Part2 *Sculpture* Your *Body*　127

Hips and Buttock

第 3 式 |體雕部位| 臀部、大腿外側

難度：★★☆☆ ｜ 時間：5分 ｜ 纖體枕位置：骨盆下方

1 放鬆朝右側臥在瑜珈墊上，將纖體枕橫放在骨盆下方，右手肘彎曲90度撐住身體，左手自然垂放在右手旁，髖關節略彎，雙膝彎曲成90度。

2 右膝保持彎曲，慢慢提起左腿，直到和地面約成45度，停留約10秒，再慢慢放下，回到1的位置，來回共做10次。換邊再做同樣的動作。

變化動作　難度：★★★☆

熟練後可以提高難度：將腿部提起，慢慢伸直，停留約10秒，再慢慢放下，回到1的位置。當膝蓋在懸空時伸直，會使用到大腿外側和臀部下方的肌肉。

小叮嚀　這個動作主要是鍛鍊臀部和大腿外側的肌群，很適合平時喜歡翹腳久坐的人。剛開始練習時，大腿外側髖關節周遭以及臀部側邊可能會有些微痠痛感，這是正常現象，不用擔心。

Hips and Buttock

第 4 式 ｜體雕部位｜ 臀部、腹部、大腿後側

難度：★★★★ ｜ 時間：5分 ｜ 纖體枕位置：鼠蹊部下方

1 放鬆趴臥在瑜珈墊上，將纖體枕橫放在鼠蹊部下方，手肘彎曲90度撐住身體，雙腿平放讓腳背貼住地面。

2 臀部夾緊，雙腿同時用力，盡量往上抬起，停留約10秒，再慢慢放下，回到1的位置。來回共做20次。

小叮嚀｜這是一個高階鍛鍊動作，由於難度較高，對於下半身的緊實效果很好，剛開始如果做不起來，也不用氣餒，可以慢慢練習。

練出美臀俏曲線

Part2 *Sculpture Your Body*

Hips and Buttock

第 5 式 ｜體雕部位｜ 臀部、大腿外側、側腰

難度：★★★☆ ｜ 時間：5分 ｜ 纖體枕位置：骨盆下方

1 放鬆朝右側臥在瑜珈墊上,將纖體枕橫放在骨盆下方,右手肘彎曲90度撐住身體,左手自然垂放在右手旁,右腿髖關節略彎,左腿伸直。

2 左腿從髖關節往上抬,直到和地面約成45度,停留約10秒,再慢慢放下,回到1的位置,來回共做10次。換邊再做同樣的動作。

> **變化動作**　難度：★★★★

熟練後可以提高難度：腿部提起之後，持續讓膝蓋打直，然後從髖關節彎曲，先往前、再往後，各停留約10秒，這樣大腿和臀部都能做更深層的收縮。

練出美臀俏曲線

| 小叮嚀 | 這個動作主要是訓練臀部和大腿外側的肌群，變化動作則是連腹部和側腰都能鍛鍊到。建議從基本動作開始練習，等熟悉了肌肉的用力方式，再嘗試變化動作。剛開始練習時，大腿外側的髖關節周遭及臀部下方，可能會有些微痠痛感，這是正常現象，不用擔心。|

Hips and Buttock

第 6 式 |體雕部位| 臀部、腹部、大腿後側

難度：★★★☆ | 時間：3分 | 纖體枕位置：鼠蹊部下方

1 放鬆趴臥在瑜珈墊上，將纖體枕橫放在鼠蹊部下方，手肘彎曲90度撐住身體，雙腿平放讓腳背貼住地面。

2 臀部夾緊用力，將雙腿略微提起離開地面。

小叮嚀 這個動作主要是鍛鍊臀部外層的肌肉。在雙腿提離地面時，記得同時收縮臀部和腹部，可以讓整個下半身更緊實有力。

3 右膝蓋彎曲90度，停留約2~3秒，再慢慢放下，回到2的位置，換邊再做同樣的動作。來回共做20次。

> **變化動作** 難度：★★★★
>
> 熟練後可提高難度：在雙腿抬離地面時，雙膝同時彎曲90度與地面垂直，讓雙腿一起用力。

練出美臀俏曲線

Part2 *Sculpture* Your *Body*

打造勻稱美形腿

拉長後側，舒緩外側，緊實內側，
向大象腿和下半身浮腫說再見！

我們的雙腿，是每天支撐身體站立、走路、跑步時的重要功臣。尤其是大腿，除了擁有上帝賜予力量的大肌群之外，還位在連接骨盆最直接的樞紐位置；而在髖關節旁，更是血管、神經等「人體管線」通往下半身唯一的途徑，當這個部位過於緊繃、缺乏鍛鍊或局部受力過度時，都會改變下半身的循環和肌肉的協調性！

久坐和錯誤的體態，依舊是造成下半身肥胖的頭號殺手。坐著的時候，髖關節和膝蓋的彎曲，會讓大腿後側的肌肉變短，形成短又無力的肌群，基於位置和力學角度的關係，大腿內側會跟著變鬆垮，外側則變得緊繃，內外肌肉用力明顯失衡，習慣用力的肌肉過度被使用，短肌肉始終無法伸展。而此處的血管、神經原本應受肌肉保護，卻反而變成被壓迫，影響到下半身循環，而造成下半身浮腫或是粗壯的大象腿，甚至腿也會感覺愈來愈重，或是腳底發麻、冰冷。

Thighs and Legs

要瘦下又粗又腫的大腿，就得先把大腿後側的短肌肉拉長，改變既有的受力模式。當大腿後側的肌群變長，外側的肌肉就能獲得舒緩、不再緊繃，這時再來加強內側的鍛鍊，內外肌肉的使用達到平衡，線條自然勻稱而緊實，神經、血管的養分供輸也會更有效率，同時改善下半身浮腫或腿、腳的不適感。

想要更進一步改善體態，還要留意自己的步態和腿型，過度內八或外八、或是足弓過高或過低，都可能變成O型腿或X型腿，也會讓大腿肌肉用力失衡而變粗。如果發現自己的步態有問題，除了以肌肉鍛鍊改善，也可以借助於適合的矯正鞋墊，將能更迅速地修飾腿部線條！

Thighs and Legs

第 1 式　| 體雕部位 | 小腿、下半身浮腫冰冷

難度：★☆☆☆　|　時間：5分　|　纖體枕位置：小腿肚下方

1 放鬆仰躺在瑜珈墊上，將纖體枕橫放在小腿肚下方，腳踝離地。

2 慢慢將腳尖往下壓，小腿前側應有伸展的感覺，停留約10秒。再慢慢將腳尖往上頂起來，同時用小腿將纖體枕往下壓，一樣停留約10秒，腿部應有用力的感覺。來回共做10次。

小叮嚀　這是練習腿部用力的初階動作，很適合作為開始前的暖身、或結束前的緩和運動，對於減少下半身浮腫和改善蘿蔔腿，也很有幫助。

Thighs and Legs

第 2 式 |體雕部位| 大腿後內側、深層腹部肌肉

難度：★★★☆ | 時間：5分 | 纖體枕位置：骨盆下方

1. 放鬆仰躺在瑜珈墊上，將纖體枕橫放在骨盆下方接近腰椎的位置，雙手往兩側平伸與身體垂直。

2. 將膝蓋彎曲靠近身體，雙手放在膝蓋上。

3. 用腹部的力量將膝蓋打直，雙手握住腳踝，停留約10秒，再回到1的位置。來回共做20次。

小叮嚀　這個動作對於緊實大腿的效果很好，尤其可以鍛鍊到最難瘦的大腿內側。大腿後側太緊的人，如果無法將腿伸直，可以先做大腿後側的伸展，並且在練習這個動作時，盡量將意識放在大腿前側和腹部肌肉的用力，腿部線條就可以漸漸變漂亮。

打造勻稱美形腿

Thighs and Legs

第 **3** 式 |體雕部位| 腹部、臀部、大腿

難度：★★★☆ ｜ 時間：3分 ｜ 纖體枕位置：鼠蹊部下方

1 放鬆趴臥在瑜珈墊上，將纖體枕橫放在鼠蹊部下方，雙手往上伸直與身體成一直線，雙腿平放讓腳背貼住地面。

2 臀部夾緊，雙腿用力提起離開地面。在雙腿離地時，膝蓋維持不動，只從髖關節做提腿的動作，左右腿來回交替，像是游泳時在打水，記得同樣要從腹部和臀部用力，上半身維持不動。來回共做20次。

小叮嚀 ｜ 這是一個中高階的鍛鍊動作，由於難度較高，對於下半身的緊實效果很好，剛開始如果做不起來，也不用氣餒，可以慢慢練習。

ns and Legs*

第 4 式 │體雕部位│ 側腰、大腿、O型腿

難度：★★★☆ │ 時間：5分 │ 纖體枕位置：大腿之間

1 放鬆仰躺在瑜珈墊上，將纖體枕直放在大腿之間夾緊，雙膝彎曲，腳掌貼於地面，雙手往兩側平伸與身體垂直。

2 慢慢將大腿提舉起來，膝蓋維持彎曲，讓大腿與地面垂直，小腿與地面平行，大腿繼續夾緊纖體枕，停留約2~3秒。

3 將頭部轉向左側，下半身從腰部往右側邊扭轉，直到膝蓋貼近地面但不碰地，停留約10秒，再回到2的位置，換邊再做同樣的動作。往側邊扭轉時，側腰和大腿應該都有收縮用力的感覺。來回共做10次。

小叮嚀 這個動作可以有效緊實側腰和大腿，記得在扭轉時，速度盡量保持一致，左側和右側的扭轉角度也要盡量對稱。如果中途覺得腿部或腰部很痠，可以稍做休息再繼續。

打造勻稱美形腿

Part2 Sculpture Your Body

Thighs and Legs

第 5 式 | 體雕部位 | 大腿、小腿、側腰、腹部

難度：★★★★ | 時間：5分 | 纖體枕位置：腳踝之間

1 放鬆仰躺在瑜珈墊上，將纖體枕直放在腳踝之間夾緊，雙手往兩側平伸與身體垂直。

2 慢慢將雙腿提舉起來，膝蓋維持伸直，讓腿部與地面垂直，腳踝繼續夾緊纖體枕，停留約2~3秒。

3 將頭部轉向左側，下半身從腰部往右側邊扭轉，直到右腿貼近地面但不碰地，停留約10秒，再回到2的位置，換邊再做同樣的動作。往側邊扭轉時，側腰和大腿應該都有收縮用力的感覺。來回共做10次。

小叮嚀　這是高階動作，需要使用到腹部、大腿和側腰的力量。記得在扭轉時，速度盡量保持一致，左側和右側的扭轉角度也要盡量對稱。持續練習後，腹部、大腿和側腰可能會有些微痠痛感，這是正常現象，不用擔心。

打造勻稱美形腿

Thighs and Legs

第 6 式 |體雕部位| 小腿、大腿前側、下半身浮腫

難度：★★★☆　|　時間：3分　|　纖體枕位置：骨盆下方

1 放鬆仰躺在瑜珈墊上，將纖體枕橫放在骨盆下方，雙手往上伸直與身體成一直線。

2 慢慢將右腿從髖關節往上提舉，直到和地面約成60度，停留2~3秒，再慢慢放下，貼近地面但不碰地。在放下右腿的同時，將左腿從髖關節往上提舉，同樣停留約2~3秒，雙腿及腹部應有用力的感覺。來回共做20次。

變化動作1 難度：★★★★

熟練後可以提高難度：將右腿提舉到與地面垂直，而且在提舉右腿的同時，將左手從肩膀往上舉起，換邊再做同樣的動作。這樣可以同時訓練上肢和下肢的協調性，並且鍛鍊到深層的腹部肌肉。

變化動作2 難度：★★★☆

大腿後側過於緊繃的人，也可以先彎曲膝蓋來做，這會類似在空中踩腳踏車的抬腿動作，當腿部逐漸放鬆後，再試著做腿部伸直的版本。

| 小叮嚀 | 這是抬腿的變化形動作，將纖體枕放在骨盆下方可以增加下肢平衡的難度，對於緊實腿部和改善下半身浮腫很有幫助。 |

打造勻稱美形腿

全身都要一起瘦

想善用時間和空間，更有效率地瘦下來？
快把纖體枕變成隨身的運動配備吧！

身體的每個部位和層面都很重要，也都需要互相協調、配合，才能完成最周全的運作。想要擁有完美比例，從頸部到小腿，都要兼顧鍛鍊、勤加保養。

首先，要留意脊椎的弧度，讓它保持在最佳位置，從頸椎、胸椎到腰椎，都要避免過直或過彎；骨盆的位置會影響到腹部、臀部和大腿的線條，如果發現自己可能出現骨盆前傾或骨盆後傾的體態，就要加強核心肌群的鍛鍊。手臂的用力方式，會直接影響到上臂線條和肩胛骨位置，除了要留意提舉重物的方式，還要多伸展肩膀。走路則會影響到腿型，避免穿不適合的鞋子，走路時注意骨盆和核心肌群的收縮，可以讓步態更輕盈，也能減少下半身的浮腫。

The Whole Body

當你已經充分鍛鍊各處局部肌肉之後，接下來可以嘗試「全身一起瘦」的動作，雖然難度偏高，不過肌力如果足夠，這些動作的緊實效果將讓你為之驚艷，慢慢地訓練、慢慢地嘗試，一定可以成功打造完美曲線！

此外，纖體枕最大的好處就是可以隨身攜帶，運動時也沒有太多場地的限制，在辦公室裡或外出工作的時候，可以把纖體枕放在身後當靠墊，等到午休或事情處理到一段落了，就拿起纖體枕，坐在椅子上來點伸展與放鬆，充分利用時間與空間，鍛鍊女生最在意，也是上班族最容易變胖的手臂、肩膀和大腿，貫徹隨時隨地都要瘦，全身一起瘦下來的生活目標！

Part2 Sculpture Your Body

The Whole Body

第 1 式　|體雕部位| 身體前側、核心肌群

難度：★★★★　｜　時間：5分　｜　纖體枕位置：鼠蹊部下方

1 放鬆趴臥在瑜珈墊上，將纖體枕橫放在鼠蹊部下方，雙腿膝蓋彎曲到底，左手抓住左腳背，右手抓住右腳背。

2 慢慢用腹部和背部的力量，將身體往上挺起，用腹部支撐，盡量讓大腿離地，停留約10秒，腿部、臀部和背部應有用力的感覺，胸口和大腿前側也會覺得拉伸開來，再慢慢放鬆，回到1的位置。來回共做20次。

小叮嚀　這是伸展身體前側，同時鍛鍊核心肌群的動作，加上纖體枕會讓難度增高許多。

The Whole Body

第 2 式　|體雕部位| 臀部、腿部、腹部、下半身浮腫

難度：★★★☆　|　時間：5分　|　纖體枕位置：骨盆下方

1 放鬆仰躺在瑜珈墊上，將纖體枕橫放在骨盆下方，右腿交叉放到左腿上，讓雙腳腳踝交扣，雙手十指交扣放在頭部後側。

2 將雙腿往上提舉到與地面垂直，側腰、大腿及腹部應有用力收縮的感覺，停留約10秒，再回到1的位置，接著左右腳交換，再做同樣的動作。來回共做10次。

變化動作　難度：★★★★

熟練後可以提高難度：在步驟2時，同時將頭部、頸部和肩膀提起離開地面，可以鍛鍊到深層的腹部肌肉。

小叮嚀　這個動作很適合下半身容易浮腫，以及想要雕塑臀部或腿型的人練習。記得左右腳要來回交替做，因為難度較高，可以慢慢練習。

全身都要一起瘦

The Whole Body

第 3 式 |體雕部位| 腿部、臀部

難度：★★★☆ ｜ 時間：5分 ｜ 纖體枕位置：胸口中央

1 放鬆趴臥在瑜珈墊上，將纖體枕直放在胸口中央，雙腿平放讓腳背貼住地面，雙手往上伸直與身體成一直線。

2 慢慢將右腿從髖關節往上提舉，停留約10秒，再回到1的位置，腿部和臀部應該都有用力的感覺，換邊再做同樣的動作。來回共做10次。

變化動作 ➜ 難度：★★★★

熟練後可以提高難度：在提舉右腿的同時，將左手從肩膀往上舉起，換邊再做同樣的動作。這樣可以同時訓練上肢和下肢的協調性，並且讓腿部和臀部做更深層的收縮。

小叮嚀 │ 這是緊實腿部和臀部的動作，因為胸口放了纖體枕，加入上肢的變化動作在平衡上會很吃力，對於剛開始瘦身的人來說稍有難度，可以慢慢練習。

全身都要一起瘦

Part2 *Sculpture Your Body*

The Whole Body

第 **4** 式　|體雕部位| 腹部、大腿、手臂

難度：★★★☆　|　時間：3分　|　纖體枕位置：小腿肚下方

1 放鬆坐在瑜珈墊上，雙腿伸直，將纖體枕橫放在小腿肚下方，雙手往後打直，用手掌撐住地面。

2 用手掌將身體撐起，讓臀部離開地面。

3 用腹部和手臂的力量，讓纖體枕在小腿肚部位輕輕、慢慢地滾動，約2~3秒完成一次來回，共做20次。

小叮嚀　| 這個動作除了可以鍛鍊核心肌群，也能同時鍛鍊手臂和身體的協調性。

The Whole Body

第 5 式 |體雕部位| 背部、胸口

難度：★★☆☆ | 時間：5分 | 纖體枕位置：背部正中央脊椎處

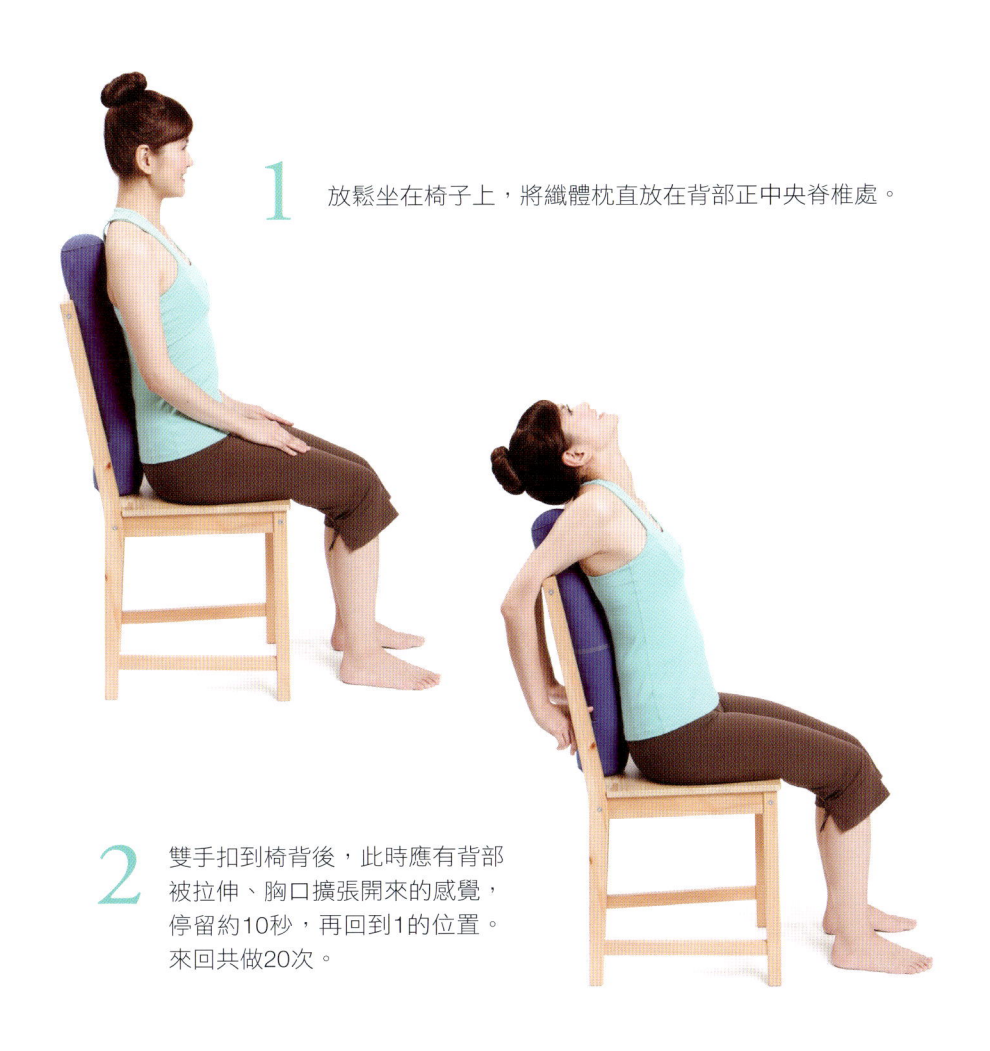

1 放鬆坐在椅子上，將纖體枕直放在背部正中央脊椎處。

2 雙手扣到椅背後，此時應有背部被拉伸、胸口擴張開來的感覺，停留約10秒，再回到1的位置。來回共做20次。

小叮嚀 這個動作很適合長時間坐在辦公室，沒有空做伸展運動的人練習。要注意練習時所坐的椅子，椅面不要太軟，最好有一點硬度，底部不能有滾輪，椅背也必須是固定、沒有彈簧的。

全身都要一起瘦

Part2 *Sculpture Your Body*

The Whole Body

第 6 式 |體雕部位| 腹部、腿部

難度：★★★☆ ｜ 時間：5分 ｜ 纖體枕位置：大腿之間

1 放鬆坐在椅子上，將纖體枕直放在大腿之間夾緊。

2 夾著纖體枕，慢慢將雙腿抬起，提到與地面約成60度，用腹部的力量撐住身體，停留約10秒，再回到1的位置。來回共做20次。

小叮嚀 做這個動作時，椅背處可以放置一個柔軟的靠墊，讓背部得到支撐。用力的位置要控制在腹部和腿部，上半身盡量放輕鬆，如果在步驟2時感到吃力，可以先從停留5秒開始，再慢慢增加時間。椅子底部也不建議有滾輪，固定式的底座比較適合。

The Whole Body

第 7 式 |體雕部位| 背部、頸部、胸口

難度：★★☆☆ | 時間：12分 | 纖體枕位置：用雙手扣在後頸部

1　放鬆坐在椅子上，雙臂往後彎曲，將纖體枕橫放在後頸部用手肘托住，十指交扣置於其上，感覺胸口逐漸被拉開，後頸部同時獲得舒緩，停留約1分鐘，盡量做深而長的呼吸。

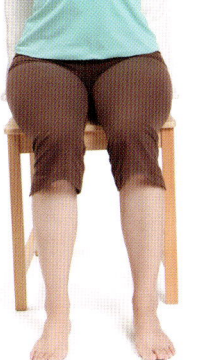

2　將身體朝右側彎腰伸展，感覺左側身的肌肉被拉伸開來，停留約30秒，換邊再做同樣的動作。來回共做10次。

小叮嚀　這個動作對於長時間使用電腦的上班族等族群很有幫助，往兩邊伸展的動作同時可以拉伸到側身，有效舒緩緊繃的肌肉。

全身都要一起瘦

舒緩身心小毛病

頭痛、生理痛、手腳冰冷、消化不良……？
纖體枕也是你的健康小幫手！

Common Problems for Women

纖體枕全效瘦身操除了可以讓瘦身更有效、更好玩之外，因為同時可以鍛鍊到許多深層肌群，對於許多惱人的女性健康問題，也能夠達到舒緩的效果。接下來，我將針對不同的身心小毛病，各建議四種適合的纖體枕舒緩運動，每一組的運動時間會不太一樣，你可以依據自己的時程安排，搭配其他想要瘦下來的部位一起做，或是搭配PART3的「一週間速效纖體課程表」（164頁）一起進行。

Common Problems for Women 消化不良

| 症狀成因 | 腰椎弧度過彎或過直、或是骨盆歪斜，若伴隨著發生經常性的腹脹、腹痛或腹瀉，很可能是因為體態失衡導致了神經傳導的不夠完整。
| 舒緩要點 | 改善腰椎的弧度，再強化核心肌群的鍛鍊，可以讓腸道的運作更為順暢，減少不適感發生。

| 建議運動 |

P092　放鬆練習 第5式

P098　伸展練習 第5式

P139　打造勻稱美形腿 第4式

P138　打造勻稱美形腿 第3式

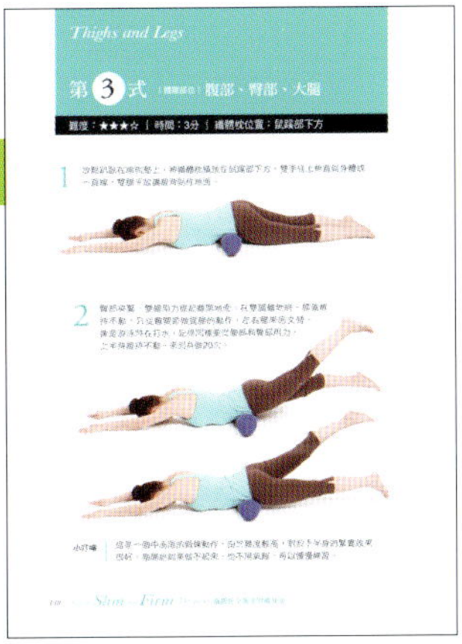

Part2 Sculpture Your Body　155

睡眠障礙 Common Problems for Women

| 症狀成因 | 睡眠障礙的定義很廣泛，包括失眠、不易入睡、淺眠、起床後還是感到疲憊、睡眠品質不佳等。

| 舒緩要點 | 除了要學習釋放壓力，還要做深沉的腹式呼吸，並且加強頸部和背部的伸展，身體才會放鬆下來，不會整天處於緊繃狀態。

| 建議運動 |

P086　放鬆練習 第1式

P090　放鬆練習 第3式

P096　伸展練習 第3式

P102　PNF練習 第3式

Common Problems for Women 生理痛

| 症狀成因 | 導致生理痛的原因很多，其中一種可能性和骨盆的位置有關。當骨盆歪斜時，神經會傳遞疼痛的訊息到大腦，而形成生理痛的現象。

| 舒緩要點 | 多做骨盆周遭肌群的鍛鍊——尤其是骨盆底肌群，可以舒緩骨盆不正所導致的生理不適。

| 建議運動 |

P093 　放鬆練習 第6式

P099 　伸展練習 第6式

P127 　練出美臀俏曲線 第2式

P126 　練出美臀俏曲線 第1式

手腳冰冷 Common Problems for Women

| 症狀成因 | 經常手腳冰冷的人，通常都是肌肉過於緊繃僵硬，使得身體的代謝循環不夠順暢。

| 舒緩要點 | 多促進末梢循環，讓四肢得到充沛的身體資源，就能慢慢改善。

| 建議運動 |

P100　PNF練習 第1式

P136　打造勻稱美形腿 第1式

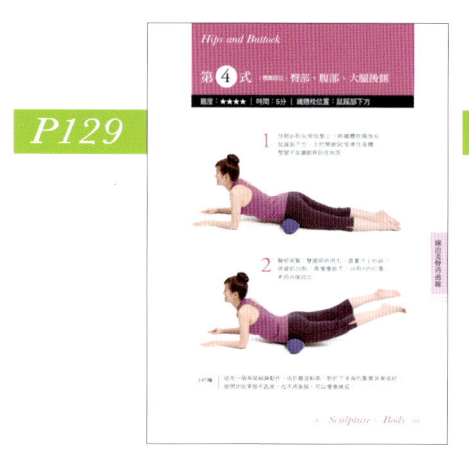

P129　練出美臀俏曲線 第4式

P139　打造勻稱美形腿 第4式

Common Problems for Women 下肢浮腫

| 症狀成因 | 經常穿高跟鞋、久坐、久站,都很容易讓下肢浮腫。
| 舒緩要點 | 這時候最需要的,就是在回家後做一些下半身的伸展與鍛鍊,促進身體的循環,同時達到緊實腿部的效果。

| 建議運動 |

P101
PNF練習 第2式

P132
練出美臀俏曲線 第6式

P147
全身都要一起瘦 第2式

P142
打造勻稱美形腿 第6式

頭痛 Common Problems for Women

| 症狀成因 | 頭痛的種類很多，最常見的與頸部、壓力密切相關。當頸部的弧度改變，或是壓力過大使得肌肉僵硬緊繃時，頭痛也隨之而來。

| 舒緩要點 | 讓頸部獲得足夠的放鬆，搭配伸展周遭肌肉，便能舒緩惱人的頭痛。

| 建議運動 |

P086 放鬆練習 第1式

P088 放鬆練習 第2式

P096 伸展練習 第3式

P094 伸展練習 第1式

Common Problems for Women 便秘

| 症狀成因 | 排便不順通常都和生活作息、飲食習慣有關。當身體長期處於壓力之下，核心肌群缺乏鍛鍊或飲食不正常，都很容易干擾腸道健康。
| 舒緩要點 | 讓腰椎恢復最佳弧度，配合鍛鍊核心肌群，對腸道健康助益頗大。

| 建議運動 |

P092 — 放鬆練習 第5式

P098 — 伸展練習 第5式

P123 — 讓小腹一路平坦 第6式

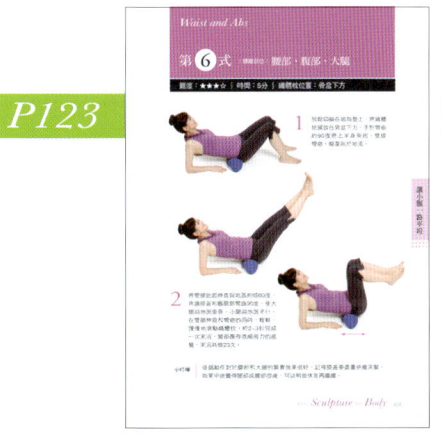

P117 — 讓小腹一路平坦 第2式

Part2 *Sculpture Your Body*　161

Slim Your Life

Part 3

清爽美人生活術

許多人會說:「寧願餓死也不要運動」,對我來說,享受美食絕對是人生中最大的樂趣之一,當色香味俱全的佳餚擺在眼前時,怎麼可以說「不」呢?!所以我的主張是:「寧願運動到累死也要吃!」

當然,我也不會讓自己運動到累死,找到生活的平衡、使用正確的方法,吃美食、多睡覺,你還是可以享受美好的生活品質,但也一樣瘦得很漂亮!

其實,==瘦身是整合性的生活工程,除了用對的方法鍛鍊身體,更要過對的生活來照顧身體,讓身體在運轉與保養之間維持良好的交互運作,才能相輔相成,加速瘦身效果,同時永保美麗健康。==在練習纖體枕全效瘦身操之外,我也將提供飲食、作息、按摩和心理調適等輔助建議,幫助你擬定更完整的瘦身生活時程表,展開身心靈平衡的清爽每一天。

讓自己
隨時隨地動起來

在你的手冊上或手機裡，除了購物清單和工作時程表，
更應該加入「運動瘦身時程表」，一方面按表操課做運動，
一方面在日常行動中有意識地鍛鍊肌肉。
每天回家洗澡放鬆之後，再用喜歡的瘦身霜做簡單的按摩，
你的身心都會變得更輕盈、也更有朝氣！

一週間速效纖體課程表

在你每天記得密密麻麻的手冊上或手機裡，除了有購物清單和工作時程表之外，更應該加入一張「運動瘦身時程表」，讓自己習慣「按表操課」，把運動也變成你日常生活的一部分，這樣不僅能持續瘦身的成果，更能常保活力與神采。如果你不太有運動的習慣，生活又很忙碌，接下來我特別將PART2的纖體枕全效瘦身操搭配組合，針對【纖細上半身】、【窈窕中段身】、【緊實下半身】三種塑身目標，各自設計出一週7天集中鍛鍊的【初階版】與【進階版】課程，方便你更有效率地纖體瘦身：

❶ 你可以根據目前最想搶救的部位，從【初階版】開始練習，做完一

週之後，應該能感覺到這個部位的緊實度和彈性都有明顯增加。如果你還想加強效果，第二週開始可以挑戰【進階版】，但若覺得還是有點困難，也可以繼續練習【初階版】，等到身體更習慣這樣的用力模式，再往下練習更難的動作，或是選擇PART2的其他運動來增加一些變化。

❷ 如果想要「均衡發展」，你也可以依序按照上半身、中段身、下半身三大部分，完成21天的完整練習，接著再依據身體實際的感覺調整【初階版】與【進階版】的進度。要注意的是，**每一個部位至少都要照表做完一週的集中鍛鍊**，才會更明顯地感受到雕塑效果。

❸ 每天做完課程中的運動之後，可以在表上的「確認」欄打個✓，如果當天還做了其他運動或有利於瘦身的行為，或是發現什麼進展和成果，也可以記錄下來，滿足一下自己的成就感，看看自己為了瘦身有多麼用心呢。

❹ **每一天所設計的課程，都可以在半小時內完成，並不會佔去你太多時間**。所以別再說沒空運動或減肥囉，只要減少半小時網購、看FACEBOOK或拿著遙控器亂轉電視的時間，就可以好好放鬆一下，還能練出更美好的曲線！

Special Menu

⋯ 纖細上半身 初階版 ⋯⋯⋯⋯⋯⋯⋯⋯⋯⋯

	運動項目	運動編號	頁數	確認	給自己一點鼓勵！
Day 1	放鬆練習	第1式	086		
	我的手臂變細了	第3式	109		
Day 2	伸展練習	第2式	095		
	我的手臂變細了	第1式	106		
Day 3	伸展練習	第1式	094		
	我的手臂變細了	第1式變化動作1	107		
Day 4	放鬆練習	第3式	090		
	我的手臂變細了	第5式	111		
Day 5	伸展練習	第3式	096		
	我的手臂變細了	第1式變化動作2	107		
	PNF練習	第3式	102		
Day 6	放鬆練習	第2式	088		
	我的手臂變細了	第2式	108		
Day 7	放鬆練習	第4式	091		
	我的手臂變細了	第6式	112		

Special Menu

纖細上半身 進階版

	運動項目	運動編號	頁數	確認	給自己一點鼓勵！
Day 1	伸展練習	第1式	094		
	我的手臂變細了	第1式	106		
Day 2	伸展練習	第3式	096		
	我的手臂變細了	第2式	108		
	我的手臂變細了	第3式	109		
	我的手臂變細了	第4式	110		
	我的手臂變細了	第5式	111		
	我的手臂變細了	第6式	112		
Day 3	放鬆練習	第3式	090		
	全身都要一起瘦	第5式	151		
Day 4	伸展練習	第2式	095		
	我的手臂變細了	第1式變化動作1	107		
Day 5	伸展練習	第4式	097		
	我的手臂變細了	第2式	108		
	我的手臂變細了	第3式變化動作	109		
	我的手臂變細了	第4式變化動作	110		
	我的手臂變細了	第5式變化動作	111		
	我的手臂變細了	第6式變化動作	113		
Day 6	放鬆練習	第4式	091		
	全身都要一起瘦	第4式	150		
Day 7	全身都要一起瘦	第6式	152		
	我的手臂變細了	第1式變化動作2	107		

Special Menu
窈窕中段身 初階版

	運動項目	運動編號	頁數	確認	給自己一點鼓勵！
Day 1	放鬆練習	第5式	092		
	練出美臀俏曲線	第6式	132		
Day 2	放鬆練習	第6式	093		
	全身都要一起瘦	第4式	150		
Day 3	伸展練習	第1式	094		
	讓小腹一路平坦	第3式	118		
	讓小腹一路平坦	第6式	123		
Day 4	伸展練習	第2式	095		
	讓小腹一路平坦	第4式	120		
	打造勻稱美形腿	第3式	138		
Day 5	伸展練習	第5式	098		
	練出美臀俏曲線	第3式	128		
	讓小腹一路平坦	第6式	123		
Day 6	伸展練習	第6式	099		
	練出美臀俏曲線	第5式	130		
	打造勻稱美形腿	第3式	138		
Day 7	練出美臀俏曲線	第1式	126		
	練出美臀俏曲線	第4式	129		
全身都要一起瘦	第2式	147		

Special Menu

窈窕中段身 進階版

	運動項目	運動編號	頁數	確認	給自己一點鼓勵！
Day 1	放鬆練習	第5式	092		
	讓小腹一路平坦	第5式	122		
	練出美臀俏曲線	第6式	132		
Day 2	伸展練習	第6式	099		
	讓小腹一路平坦	第2式變化動作	117		
	練出美臀俏曲線	第6式變化動作	133		
Day 3	練出美臀俏曲線	第1式	126		
	讓小腹一路平坦	第1式變化動作	116		
	讓小腹一路平坦	第3式變化動作	119		
Day 4	練出美臀俏曲線	第2式	127		
	讓小腹一路平坦	第4式變化動作	121		
	全身都要一起瘦	第1式	146		
Day 5	PNF練習	第3式	102		
	練出美臀俏曲線	第3式	128		
	練出美臀俏曲線	第3式變化動作	128		
	全身都要一起瘦	第3式	148		
Day 6	讓小腹一路平坦	第1式	116		
	練出美臀俏曲線	第5式	130		
	練出美臀俏曲線	第5式變化動作	131		
	全身都要一起瘦	第2式變化動作	147		
Day 7	讓小腹一路平坦	第2式	117		
	讓小腹一路平坦	第4式變化動作	121		
	全身都要一起瘦	第3式變化動作	149		
	練出美臀俏曲線	第4式	129		

Special Menu

⋯ 緊實下半身 初階版 ⋯⋯⋯⋯⋯⋯⋯⋯⋯⋯⋯

	運動項目	運動編號	頁數	確認	給自己一點鼓勵！
Day 1	放鬆練習	第5式	092		
	打造勻稱美形腿	第6式變化動作2	143		
Day 2	伸展練習	第5式	098		
	全身都要一起瘦	第4式	150		
	練出美臀俏曲線	第3式	128		
Day 3	放鬆練習	第4式	091		
	打造勻稱美形腿	第5式	140		
Day 4	伸展練習	第6式	099		
	練出美臀俏曲線	第6式	132		
	打造勻稱美形腿	第4式	139		
Day 5	打造勻稱美形腿	第1式	136		
	練出美臀俏曲線	第4式	129		
	練出美臀俏曲線	第5式	130		
Day 6	PNF練習	第1式	100		
	練出美臀俏曲線	第2式	127		
	練出美臀俏曲線	第3式	128		
Day 7	PNF練習	第2式	101		
	練出美臀俏曲線	第5式	130		
	全身都要一起瘦	第2式	147		
	全身都要一起瘦	第3式	148		

Special Menu
緊實下半身 進階版

	運動項目	運動編號	頁數	確認	給自己一點鼓勵！
Day 1	放鬆練習	第5式	092		
	練出美臀俏曲線	第3式變化動作	128		
Day 2	伸展練習	第6式	099		
	打造勻稱美形腿	第4式	139		
	打造勻稱美形腿	第6式變化動作1	143		
Day 3	PNF練習	第1式	100		
	打造勻稱美形腿	第5式	140		
	練出美臀俏曲線	第3式	128		
	練出美臀俏曲線	第3式變化動作	128		
Day 4	PNF練習	第2式	101		
	打造勻稱美形腿	第2式	137		
	練出美臀俏曲線	第5式	130		
	練出美臀俏曲線	第5式變化動作	131		
Day 5	打造勻稱美形腿	第1式	136		
	打造勻稱美形腿	第4式	139		
	練出美臀俏曲線	第4式	129		
Day 6	讓小腹一路平坦	第1式	116		
	打造勻稱美形腿	第5式	140		
	全身都要一起瘦	第3式	148		
	全身都要一起瘦	第3式變化動作	149		
Day 7	讓小腹一路平坦	第2式	117		
	打造勻稱美形腿	第2式	137		
	全身都要一起瘦	第2式	147		
	全身都要一起瘦	第2式變化動作	147		

你就是自己的健身教練

除了利用「一週間速效纖體課程表」，集中火力解決局部肥胖問題，要把運動變成長久的習慣，你也得讓自己的運動時程表像每天三餐的菜單一樣，加入一些變化和調劑，讓運動時光變得更有趣，才不會每天都吃相同的菜色吃到膩。多做不同的嘗試也能讓你更均衡地保養到身體的各種機能，就像品嚐各種食材可以攝取多元營養素一樣。不必花錢到健身房請教練幫你開菜單，你就是自己最好的健身教練！

▸▸▸ 加強心肺訓練，參與戶外活動

想重新打造完美曲線，除了勤做纖體枕全效瘦身操，平時也可以加強心肺功能的訓練，讓瘦身活動更有變化，所謂的「心肺運動」，就像是跑步、游泳、快走等。你可以每天安排不同的活動，例如星期一做纖體枕的放鬆、伸展練習；星期二做瘦手臂的運動；星期三跑步30分鐘；星期四做瘦大腿的運動；星期五加強腹部的鍛鍊；星期六、日時間比較充裕，就可以嘗試難度較高的動作，或是去游泳、爬山、健行等做些戶外活動。

每天進行不一樣的訓練，讓運動變得更好玩，全身也獲得鍛鍊；最重要的是，當深層肌肉和淺層肌肉，身體、心理和靈性層面都兼顧了，瘦身也會更有效率、更快速地看到成果。

••• 工作不忘伸展，回家記得放鬆

當然，平常工作時，也要找空檔起身動一動，讓僵硬的肌肉有機會活動、伸展；尤其要注意體態，觀察自己是不是用智慧型手機太久了，低頭的時間太長，或是辦公室的桌椅高度是否適合自己的身高，會不會因此讓下半身容易浮腫。生活中有許多隱形的陷阱，會讓體態因而改變，留意這些小細節，同樣可以讓瘦身變得更簡單！

回家之後，別急著躺臥在沙發上，可以利用纖體枕放鬆、伸展的練習（86～103頁），舒展辛勞過後的身體。尤其忙碌的上班族一整天工作下來，很容易就彎腰駝背，沒有力氣抬頭挺胸，更不用說要做艱深的運動了！這時至少可以利用纖體枕放鬆一下，讓脊椎弧度處於最佳受力狀態，減少局部肌肉的過度用力，同時消除一天的緊張心情。

沒有纖體枕，你還可以這樣做

安排好運動生活，讓自己開始按部就班地鍛鍊身體之後，想要隨時隨地更確實地燃燒熱量，讓瘦身效果加乘，還要學習在站立、等車、走路、坐著的時候，都記得「啟動」你的核心肌群和骨盆底肌群！只要始終保持「我要瘦得更漂亮！」的意識，認真提醒自己，生活中的每個場域都可以是你的健身房。

▸▸▸ 站出健康好體態

正確的走路和站姿，可以減少關節的磨損、肌肉的僵硬老化，還能讓體態優美，看起來氣色更好、整個人有朝氣。其實，所謂「正確的站姿」一點都不難，最重要的是要讓身體的地基扎實穩固。以下就介紹兩種簡單的方法：

■ 想像有一條延伸的中心線

想像有一條和地面垂直的直線，從骨盆的中心，穿過腰椎、胸椎、頸椎、頭顱，直到頭頂的正中央穿透出去到天空；當你的身體沿著這條線往上延伸，在站立、走路的時候，核心肌群、骨盆底肌群都會被啟動，你也可以邊走路、邊等公車就能一邊瘦身。

■ 晃動身體以確認重心所在

當然，也有很多人會問：「我感覺不到我的骨盆中心在哪裡？」另一個很簡單的方法，可以讓你比較容易感覺到重心的位置：

❶ 腳底貼住地面，雙腳與肩同寬，身體打直。讓身體慢慢地前後晃動，晃動的角度要一直到往前和往後的最極端，但是不會跌倒的位置。

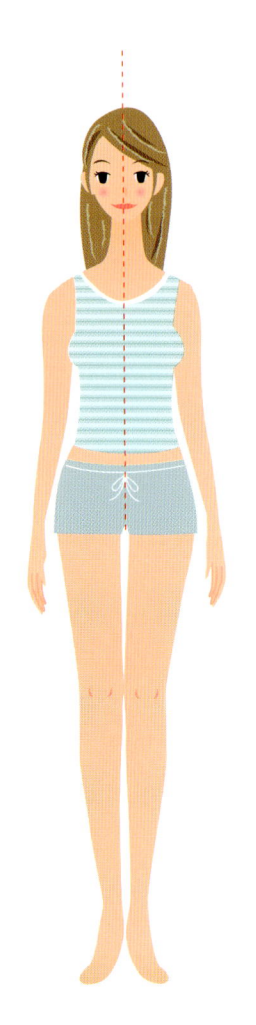

正確的站姿

想像身體的中心線：從骨盆中心往上，沿著腰椎、胸椎、頸椎、頭顱，一直延伸到天空。

❷ 在晃動的過程中，感受身體重心的轉換。往前的時候，膝蓋前方和前足底會用比較多的力氣；往後的時候，上半身和腰部會感受到比較多的壓力。就這樣來回去感覺身體在前傾和後傾時，重心位置的轉換和肌肉收縮的變化。

❸ 當自己知道最前傾和最後傾的角度和感覺時，在這兩者之間找到「中點」，就是你的重心應該擺放的位置。記住這個感覺，在平常走路和站立時都把身體放在這個位置，再加上延伸到天空的中心線，你走路和站立的姿勢，就會很標準。

••• 坐著也能瘦小腹

坐的時候，同樣也要把重心放在對的位置。在自己可以營造的環境裡，舒服、有足夠支撐，是可以避免脊椎受傷的理想座位。如果只是暫時坐著的地方，想要「順便瘦」，就可以同時收縮骨盆底肌群，小腹就會迅速地消失不見。

同樣的，抓不到重心位置之前，可以利用和學習站姿時類似的方法，在椅子上前後地晃動，去感覺身體在不同位置時肌肉的收縮：

❶ 坐著的時候把身體往前傾，會覺得腰部有壓力、下腹部收縮；而往後直接靠在椅背的時候，則會感覺到腰椎懸空沒有支撐，

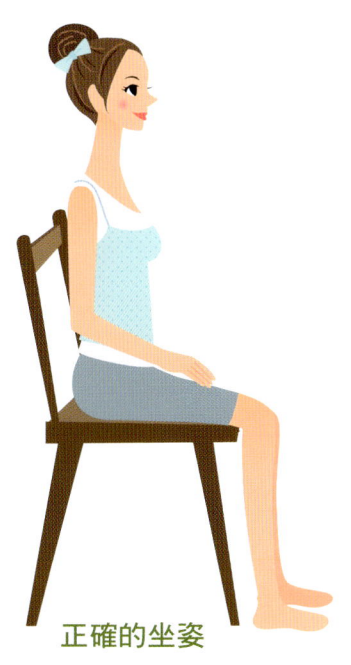

正確的坐姿

坐著的時候要找到身體的重心，同時收縮骨盆底肌群，既能保護腰椎又會瘦小腹。

肩膀會自然而然產生一個內轉的角度。

❷ 感覺在不同位置時身體所產生的變化，找出這兩者之間的中點以及讓腰椎舒服又自然的弧度，接著記住這樣的感覺，再配合骨盆底肌群的鍛鍊（39～40頁），下次在公車、捷運上就用這樣的方式坐著，習慣之後，你就可以隨時隨地緊實腹部，體態也會更好看。

走得優雅又精神

知道怎麼站之後，走路時雖然重心會左、右腳切換，但是原則不變：**要沿著往天空的那條垂直線，「抬頭挺胸」地走。**

走路時還可以加入的一個瘦身小動作，就是核心肌群的收縮：**讓自己縮著小腹走，臀部的擺動幅度不要太大，肩膀往後下方放鬆垂下，下巴往內收。**這樣走路就會很優雅，又可以兼具瘦身功效囉！

爬樓梯要有「意識」

除了站著、走路、坐著的時候要瘦，爬樓梯更能加乘瘦身的效果。很多人不敢爬樓梯，總是擔心會傷害膝蓋，其實爬樓梯這個動作本身並沒有太大的傷害性，重點是要同時把

正確的走姿

走路時雖然重心會左、右腳切換，還是要提醒自己沿著向天空延伸的垂直線，抬頭挺胸、縮小腹地走。

「意識」放進來，用對的肌肉來承受力量。所謂的「把意識放進來」就是：**在爬樓梯的時候，要有意識地把力氣放在大腿上。當我們專注地將意識集中在特定肌肉時，肌肉會更有效率地收縮以完成任務，而不會因為太過疲累，讓其他比較沒有效率的肌肉來承擔過度的重量。**

「把意識放進來」這個方法，同樣適用於跑步、騎腳踏車、跳繩等其他運動。在做這些活動時，意識最好能集中在大腿、腹部和臀部，讓這些大而有力的肌群負擔最多工作，除了隔天不會「鐵腿」、小腿不會變粗，身體還可以更加緊實！

重點按摩，做好全身保養

按摩，是我很推薦的保養法，除了感覺很舒服，也可以瘦身、塑身，讓肌肉維持彈性，用對了保養品，還能讓皮膚更加緊緻光滑。偶而我會去SPA館放鬆一下，給專業的芳療師做全身的紓壓按摩；不過為了節省時間和能夠持續，DIY的居家按摩是我每天一定會做的功課之一。

按摩的準備

- **時間**：洗完澡之後，在充滿水氣的浴室裡進行5分鐘的全身按摩。我習慣從腹部和臀部開始，再往上按摩到上半身，最後則按摩雙腿。
- **手法**：可以依據自己的喜好，比較用力的、輕壓的、畫圈的、揉壓的手法都可以，進行方向則記得一定要跟地心引力相反。

- **輔助用品**：按摩的時候一定要擦些乳液，才不會對皮膚造成過多摩擦；另外，我也喜歡搭配使用瘦身霜。市面上有許多不同質地、香氣的身體保養用品，我喜歡帶點精油或薄荷的味道，你也可以選擇喜歡的產品，搭配瘦身運動一起持續使用，的確會有加分效果。

局部按摩法

- **腹部**：以順時針方向輕揉畫圓，可以順便按摩腸道。
- **臀部和大腿內側**：我喜歡從臀部最下緣，往上做畫圈的揉壓，尤其在臀部兩側、髖骨周圍，肌肉會特別緊繃，稍微用力一點點按壓，可以舒緩此處的壓力。

  臀部和大腿內側還有一個很惱人的問題——橘皮組織，也就是皮下結締組織鬆動，使得皮下脂肪出現不正常的堆積。橘皮組織主要是由循環不良、缺乏運動所造成，如果發現某些局部位置已有橘皮組織出沒，按摩時的力道需要稍強一點，有點微微痠痛的感覺。

- **背部、胸部和手臂**：背部的按摩可以握拳由下往上推，用手背指節的力量，從腰部開始沿著脊椎旁的肌肉往上按壓。胸部的按摩務必要由下往上、由外而內；手臂可以舉高後由手掌回推到手肘再到上手臂，「掰掰袖」的部位也可以來回多做幾次按壓，會讓這裡的肌膚更有彈性、不下垂。

- **腿部**：腿部的按摩，一樣是由下往上，以反地心引力的方向為佳。如果覺得在浴室裡站著按摩腿部不太習慣，小腿的按摩也可以等到在房間裡保養臉部時再進行。特別覺得腿部腫脹的人，按摩時更要

記得從腳踝出發，往膝蓋的方向按壓，有些特定的痠痛點可以停留久一些，把束在一起的肌肉纖維揉開，腿會比較容易消腫。

按摩還能增加手腳末梢的循環，如果當天同時做了一些運動，流汗、沖澡之後做按摩，可以更有效地排出肌肉所堆積的毒素和廢物。所以記得按摩之後要多補充水分，身體會覺得更清爽。

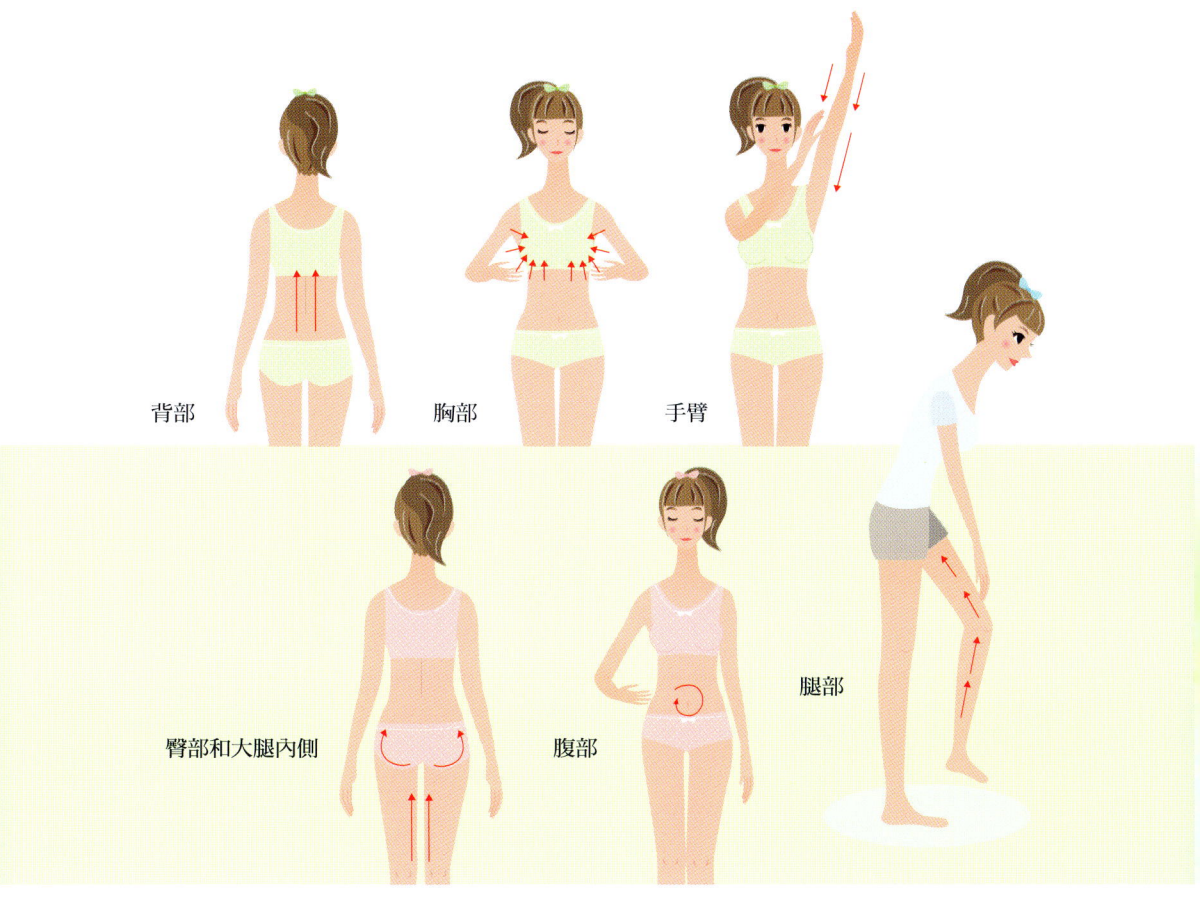

背部　　胸部　　手臂

臀部和大腿內側　　腹部　　腿部

各種局部按摩法

你的生活，也要一起瘦

瘦身是一項整合性的生活計畫，除了規律的身體鍛鍊與保養，
還有很多肥胖小陷阱隱藏在每天的作息中。
不論是飲食、穿著、睡眠或日常行動……
記得隨時把「瘦身意識」放進來，再花點巧思安排，
你就能過得清爽無負擔，又不至於流失品質與品味！

想吃美食，也能變瘦嗎？

我是個熱愛美食、熱愛生活的人。「生活」的英文字是「Life」，同時也是「生命」的意思，要過得開心、健康、有朝氣、充滿活力，享受任何一個生命的片刻，「美食」絕對是不可少的重要因子之一。

不過，別以為享受美食就是要放縱食慾、大吃大喝，這兩者可是完全不同的。關鍵就在於要懂得正確的吃，這樣瘦身不但不必餓肚子，還能健康又開心。很多人好奇我怎麼吃不胖，其實多年來在飲食方面，我始終秉持這幾個原則：**不讓自己餓肚子、吃到七分飽、細嚼慢嚥、多喝水、營養均衡**，讓自己在維持身材之餘，也過得滿足、快樂。

●●● 不要挨餓，維持營養均衡、少糖少鹽

我很相信一句英文諺語：「You are what you eat.」意思是說，你吃下肚的東西，就決定了你會成為什麼樣的人。我們選擇的食物，建構組成了我們的身體，如果選擇了不夠均衡的飲食，就會建構出一個失衡的身體。

身體需要維生素、礦物質、碳水化合物、水分、蛋白質和脂肪等物質來維持整體的運作，因此想讓身體內外平衡，平日就要攝取多元、完整的營養素。如果為了怕胖只吃少少的，除了挨餓受苦，營養也會失衡，身體機制無法順利運作，復胖時反而會造成更大反彈。我曾經為了想要趕快瘦，連續一週每天都只吃一點點水果，結果整個禮拜下來頭暈眼花、沒有體力，還一點都沒有瘦到。

肚子會餓是生理需求，抑制或是不理會這樣的需求，將會造成身體的反彈而導致失衡，更容易變胖。因此，在餓的時候一定要回應身體的需求，如果真的覺得很容易餓，可以把握這樣的飲食原則：

- 多喝無糖飲料增加飽足感，例如：不加糖的豆漿、牛奶、拿鐵等。
- 買市售飲料時不要加珍珠、椰果、布丁等營養價值較單薄的東西。
- 可以在包包裡放蘇打餅乾或營養乾糧的隨身包，餓了就稍微墊一下肚子，不要等餓過頭了才暴飲暴食。
- 飲食以少糖少鹽的原則為基準，就能減少浮腫，也不會挨餓受苦。

補充水分，可以減低食慾、促進代謝

水分的補充也很重要，當初我為了瘦下來，每天都盡量多喝水，原本是想藉此減少食慾，後來也就養成習慣了。人體有65～70%都是由水組成的，要讓水分完全被身體所利用，就要補充足夠。水可以幫助代謝，排出體內不必要的廢物，研究發現，**如果輕微缺水，人體的基礎代謝率就會減少3%**，反而會囤積脂肪。許多會浮腫的人不敢喝水，怕隔天起床整個人會更腫，其實**浮腫是身體缺水所導致**，讓身體補足需要的水分，才能夠促進循環、代謝毒素。

多喝水可以減少飢餓感、加速脂肪代謝，讓皮膚更水嫩，而原則上，**一天必須攝取2000CC的水分**，相當於6～8杯水。不過，我建議要少量、小口小口地慢慢喝，更可以讓水分在身體裡發揮最大的效能。

每天三餐，注意用餐間隔、食物質量

現在的上班族通常都是九點上班，八點五十五分才把早餐吃完，中午十二點午休，才隔了三小時就吃第二餐；但是因為下班時間不固定、或是多半很晚才下班，隨便加個班就超過七點，真的吃到晚餐可能都八點了，等於從大約一點吃完中餐，要再過七個鐘頭才吃東西，於是許多人飢腸轆轆一看到食物，狼吞虎嚥就解決了。一天下來，吃東西的時間失衡、內容物失衡、速度失衡，怪不得容易胖又老得快。

如果可以調節吃東西的時間,盡量讓每一餐的間隔不要差異太大或間隔太久。至於每一餐的內容與質量,可參考以下的作法:

- **選擇高蛋白早餐:** 調整一下作息,讓自己提前在早上七點左右吃早餐,同時盡量選擇高蛋白的食物,如鮪魚蛋三明治、蛋餅、無糖豆漿等,都是容易取得或是可以自己做的早餐,飽足感比較夠,一早補充高蛋白食物,頭腦也比較清晰,可以應付一天緊張的生活。
- **午餐吃飽足一些:** 早餐和中餐如果間隔五小時,到中午應該也餓了,可以盡量吃飽足一些,澱粉類、蔬果類、肉類、魚類都可以攝取,女生吃掉一個便當也不用怕胖,因為中午吃的東西,原本就是要讓你有足夠體力撐到下班,補足營養,身體的運作才會更健全。
- **補充下午茶點心:** 吃完午餐如果是一點或一點半,下午大概五、六點以前就會餓了,這時候可以給自己一些「下午茶點心」,水果、生菜沙拉、無糖飲料等,都是便利商店有的簡食,稍微滿足自己想吃東西的欲望,下班後才不會沒有節制地大吃大喝。
- **晚餐只吃七分飽:** 而真正的晚餐,建議大家只吃到七分飽就好,吃得很撐、很脹去睡覺,會睡得很不安穩,多餘的能量也消耗不掉。

放慢速度,才能控制食量、完整消化

細嚼慢嚥也是非常重要的功課。慢慢吃東西的好處包括:

吃得好又吃得瘦的飲食守則

不要勉強挨餓

適時補充水分

注意用餐間隔

認真細嚼慢嚥

- 你才能真正品嚐到食物的美味。
- 使口中分泌的唾液足以對食物進行最初步分解，以減少胃的負擔。很多人吃東西很快，最後吃到胃都受傷、生病了，導致胃痛、胃出血、胃潰瘍等症狀，就是因為讓胃承受了太大的工作量。
- 慢慢吃，你才能給大腦正確的訊息，在吃飽的時候停止進食。很多人去「吃到飽」餐廳，因為限時的關係，都會盡量吃快一點才覺得「回本」，結果「吃到飽」的時候早已過量，變成「吃到撐」了，身體反而難受，得不償失。

健康作息，變身樂活美人

前面提過，許多生活中的小陷阱，都可能讓肌肉過度使用、或是造成骨骼關節的錯位。平常如果能多注意作息，順應著生理的自然節奏來照顧身體，就可以避免不必要的「失衡」，維持良好的體態與體況，更容易完成瘦身目標，你的氣色和皮膚也會愈變愈美麗！

開車時，放鬆情緒和身體

開車時的姿勢正確與否，首要的關鍵在於情緒，再來是座墊位置的調整。 許多女生開車時會不自覺地很緊張，全身緊繃著；而座位前後高低的設定，則要符合方便操作又不會讓肌肉太過緊繃的舒適程度，才能維持線條優美的體態。接下來就提供幾項建議：

- 開車前，先準備一些較能放鬆心情的音樂舒緩情緒。
- 抓握方向盤的時候不要太用力，肩膀和手肘要盡量放輕鬆。
- 座墊高度以及座墊與方向盤之間的距離，至少要讓自己在抓握方向盤時不會被擋到視線，雙手和方向盤之間也不會太近或太遠。
- 座位和油門的距離要拿捏好，讓右腳踩油門和煞車時不用太費力。
- 個子比較嬌小的女生，要特別留意別讓自己陷在座椅中。可以準備一個靠墊（纖體枕就是很理想的選擇！），放在駕駛座上或是肩胛骨中間，讓自己開車時背部有所倚靠，這樣會更舒適。

騎車時，記得挺腰和縮腹

- 騎車一定要戴安全帽，不過安全帽要注意別選太重、太大的，最好是輕一點、適合頭圍大小的，頸部才不必承受過度的重量而前傾，或是形成駝背的體態，在行進時也可以避免帽子晃動。
- 騎車時，腰部要盡量打直坐正，一樣可以練習收縮核心肌群和骨盆底肌群。一旦認真注意到自己騎車的姿勢，之後也比較不會腰痠背痛。在等比較久的紅燈時，則可以趁機轉動頸部做簡單的伸展，也提醒自己脖子不要太往前伸，以減少肩頸的壓力。

提包包，肩背要比手提好

女生最不可少的配件就是「包包」，它除了是實用性很高的單品，也是穿著時尚的指標之一。那要怎麼提才能在時尚之餘也兼顧體態呢？

騎車時，腰部要打直坐正，脖子也不要往前伸得太用力，以免讓肌肉過於緊繃。

- 提包包時，用肩膀背要比彎曲手臂提來得適合。畢竟肩膀和背部的肌肉比手臂更有力，負擔重物時的效率比較好。
- 選購包包時，最好找背帶寬一點的，可以分攤的受力面積比較大，能減少一些身體的負重。
- 背包包要左右肩輪流交替，才不會久而久之形成高低肩的體態。

••• 搬重物，注意距離和姿勢

搬重物的姿勢如果不正確，不但長期下來體態會改變，更易造成扭傷、拉傷等關節肌肉的傷害，所以要注意幾個重點：

- **減少力距**：搬東西時，盡量不要讓重物離身體太遠。像是抱小孩要彎曲手臂，讓小孩盡量靠近自己的身體，而且記得左右換邊輪替著抱，以避免單側負重過多。
- **善用核心肌群**：提舉、搬運東西時，如果重量負擔較大，記得要運用核心肌群的力量，也就是避免直接彎腰，最好能以稍微彎曲膝蓋的姿勢，用大腿和腹部的力量來搬，才不會造成傷害。

睡飽了，肚子就不會餓了

醫學已經證實，長期睡眠不足會影響人體荷爾蒙的分泌，而其中和肥胖問題有關的，一個是會增加飢餓感的飢餓素（Ghrelin），另一個則是可以抑制食慾和脂肪囤積的瘦體素（Leptin）。

當一個人長期出現睡眠障礙時，飢餓素的分泌會變得更旺盛，而瘦體素的分泌則會減少。因此睡眠不足的人，會特別想吃飽足感豐富的食物，如澱粉、甜食、糕點等，新陳代謝卻比睡眠充足的人來得慢，也因此更容易囤積脂肪。簡單來說，熬夜、睡眠不足，就是一個容易讓人發胖的因子。

講電話，歪頭低頭都有害

現代人的生活幾乎不能沒有手機，在人手一機的社會中，講電話、玩手機如果不注意姿勢，同樣也會衍生出體態問題。

在人手一機的時代,使用手機更要注意姿勢,才不會破壞體態的健康與美麗。

講電話通常就是交代一下事情,盡量不要講太久,不僅電磁波會對人體造成傷害,講電話時大家幾乎都會把頭歪向一邊,甚至用肩膀夾著講,這些都是會讓身體歪斜的小陷阱。而習慣低著頭玩手機之後,也會改變肌肉的受力模式。

你可能會想,這都只是一下下的時間,應該不會怎麼樣吧?其實,這些小細節久而久之就會變成愈來愈常出現的習慣,**當你發現自己只能用某一側講電話,或者只能用某一邊的肩膀夾電話,還是不用慣用的那隻手就不會玩手機遊戲時,都表示你的肌肉已經產生變化,體態正悄悄在改變中,不能不注意!**

••• 勤跑步，促進循環與代謝

跑步是我當初開始瘦身時選擇的第一種運動。跑步很方便，沒有任何工具、時間、地點的限制，只需要一雙包覆性好、彈性佳的跑步鞋；而且跑步還可以瘦身、訓練心肺功能、促進身體循環、增加基礎代謝率，可說是集各種好處於一身。

很多人不喜歡跑或不敢跑，都是擔心會傷害膝蓋、或是跑出一雙蘿蔔腿，其實只要慢慢地跑，不去追求速度，都是很安全的。**我建議剛開始跑步的人就先慢慢地跑，只要跑到會喘、心跳加速的速度和距離就可以了**，習慣之後再慢慢增加份量。記得跑完之後，還要做腿部的伸展，至少10～15分鐘，就不用擔心腿變粗囉！

選好鞋，同時健身又瘦身

對於體態來說，在全身上下的穿著配件中，應該就屬鞋子最重要了。為自己挑選一雙合腳、好穿的鞋子，才能達到走路時也能健身又瘦身的目標。如果因為工作需求而必須穿著比較正式的鞋子，在上班以外的時間，則可以盡量穿著不同的鞋款，讓雙腳能夠休息喘口氣。

••• 選購好鞋的方法

- **鞋跟：**約以2～3公分為佳，太薄的鞋底無法完整保護雙腳，也不足以緩衝來自地面的反作用力，會讓腳底容易受傷。而鞋跟太高時，

就像不停在做下樓梯的動作，骨盆必須往前傾，小腿後側和大腿前側的肌肉則要格外用力，就容易造成骨盆前傾和蘿蔔腿。

- **鞋面**：包覆性好一點的鞋面才能夠妥善保護雙腳；如果喜歡鏤空款式，至少也要有扣環或繫住腳踝等比較穩固的設計，走路才會比較穩。
- **鞋身**：最好找堅韌一點的材質，如果太軟、太鬆，大概穿不久就會軟掉了，雙腳也得不到應有的保護。
- **造型與材質**：如果需要穿淑女一點的鞋子時，選購楦頭寬一點、材質上紮實一點的鞋款，長時間穿起來會比較舒適。

鞋子和包包都是女生重要的配件，挑雙好鞋走得正確，選對包包背得聰明，才能展現優雅風采。

運動鞋

運動的時候一定要穿運動鞋，選購時則要特別留意**鞋底的包覆性要足夠、彈性要適中**，太薄或太軟的鞋子無法支撐來自地面的衝擊力，穩定性也不足，比較容易傷害足部或腰部。

••• 高跟鞋

「高跟鞋到底能不能穿？」是我經常被問到的問題。從健康的角度來看，高跟鞋實在沒有太高的「價值」，不過為了讓自己更漂亮，很多女生還是咬著牙穿高跟鞋。

選擇高跟鞋時，**粗跟要比細跟好，鞋底的材質如果是橡膠，會比塑膠或木頭的好，鞋跟最好不要超過5公分。** 如果真的必須穿著高跟鞋出席特定的場合，要時時提醒自己收縮核心肌群和骨盆底肌群，回家後則最好做些腿部和足部的按摩，以及促進循環、舒緩壓力的運動，至少把穿高跟鞋的傷害降到最低。

••• 涼鞋、拖鞋

夏天時偶而穿涼鞋或拖鞋無妨，但是這一類包覆性不夠的鞋子，對於腳的傷害還是比較大，盡量不要當成最常穿的鞋款。

穿對了，才能雕塑好身材

現在有各種琳瑯滿目的瘦身配備，例如塑身鞋、塑身內衣、機能褲、美腿襪等產品，讓女生看了很是心動，連我都經常被這些廣告吸引。其中有些產品，的確具備某種程度的塑身效果，聰明選擇適合的產品來使用，也可以讓你瘦得健康又快樂。而所有的瘦身配備，都必須先

符合「健康、安全、舒適」的原則，使用之後即使沒有神奇的瘦身或雕塑功能，至少不要造成傷害。

••• 健康鞋墊

目前市面上有許多功能性鞋墊，多半是以「健康」為主要訴求，少部分會標榜有「美腿」效果。選購時要注意以下重點：

- **注意鞋墊材質：**盡量選擇有彈性、軟硬度適中的鞋墊。太硬的會不舒服，也可能讓腳受傷；太軟的沒有太多矯正效果，等於白花錢。
- **選擇合腳款式：**最好能找到客製化鞋墊，盡量符合自己的步態、足弓型和腿型，效果會比較好。
- **確認鞋墊大小：**要確定所購買的鞋墊能放入自己常穿的鞋款中，才能物盡其用。有些人買了鞋墊才發現只能放入某些特定的鞋子裡，有一搭沒一搭地穿，功能也大打折扣。

••• 氣墊鞋

氣墊鞋的設計原理是為了保護雙腿，以減少關節在行走、跑步時來自於地面的衝擊力。大部分氣墊鞋的設計應該都不錯，只有少部分的鞋款，氣墊的功能可能會太過強大，像是穿著彈簧在走路，在這種情況下，氣墊不僅無法緩衝反作用力，還會直接將力量往上衝擊到膝蓋或髖關節，造成關節不適。這也是為什麼有些人穿了氣墊鞋之後，反而覺得膝蓋、髖關節或腰椎會不舒服。

因此，在購買氣墊鞋之前，一定要試穿，試穿時甚至可以稍微原地跳躍一下，感覺看看氣墊的彈性，再決定是否購買。

●●● 塑身鞋

最近塑身鞋愈來愈多，多半都特別講究鞋底的設計、材質和形狀。很多人對塑身鞋的功效都很好奇，就我看來，至少多數的塑身鞋都是舒適、健康、專業的，至於是不是真有「塑身」效果，就因鞋而異了！

如果塑身鞋的內底不是平面，而是有一些角度或弧度，身體會為了在站立、走路時達到「平衡」而花上更多力氣，的確會促進能量消耗，也有助於訓練平衡感；有些鞋底會採用特殊材質，或是以分段材質的概念來設計，也會讓特定的肌肉群需要特別用力。這些理論在我聽來都很合理，不過只想靠塑身鞋練出完美體態並不太容易，多做運動、時時提醒自己注意姿勢，才是更務實有效的方法。

●●● 調整型內衣、束褲

調整型內衣可說是產後恢復身材不可或缺的用品，包括束褲、瘦身衣等有著各種選擇。這一類型的產品，對於身體的「軟組織」確實會有挪移的效果，也就是說，身體的脂肪可以因此被集中、托高在特定的部位，用貼身材質的布料去固定。不過，當你將內衣、束褲脫掉時，脂肪又會回復到原來的位置，不會因為你穿久了而改變。

這一類商品的瘦身或雕塑效果，一部分是來自於它的「緊度」，穿著時看起來比較纖細、勻稱，再加上也有些提醒的意味，讓人比較不會彎腰駝背，容易克制飲食的分量。不過要特別注意的是，這一類商品並無法改變骨骼和關節的位置及形狀，所以也不能矯正脊椎側彎、骨盆歪斜等情況。與骨骼、關節相關的問題，還是要透過正確的運動、請教專家，才能獲得改善。

駝背矯正帶

許多家長都想購買駝背矯正帶或矯正背架，給家中體態不良、習慣駝背的孩子穿戴。這一類產品如果舒適度高，是可以買來使用，不過它主要的作用還是在於提醒，當身體又習慣性想駝背時，可以被托住而無法駝背；矯正工具拿掉之後，如果習慣沒有改變、肌肉沒有訓練，駝背的體態還是會持續，想要根本解決，還是得從運動著手。

身心靈平衡，瘦得更快樂

瘦身絕對需要「身、心、靈」三方面的平衡協調，
當你的體能和循環良好運轉，姿勢和體態顯得精神飽滿，
面對生活和工作也自然更有活力、更有效率；
最後再用正向的意念和情緒鼓舞自己，
你一定會成為內外兼備，身美心也美的「纖體美人」！

想要開心、持續地瘦身，保持生活的平衡，就是最重要的關鍵。「脊骨神經醫學」很重視全方位的身心靈平衡，瘦身工程自然也不例外，除了找出體態的不平衡問題並加以克服，如果身體、心理和靈性三大層面都一起配合來做全面性的調整轉化，瘦身效果將更加驚人！

身體層面：要瘦就要動

所謂的「身體」層面，就是我們熟悉的物理瘦身法，例如控制飲食、均衡營養、計算熱量進出，進行跑步、游泳、纖體枕瘦身操等鍛鍊，讓身體消耗更多熱能，藉此燃燒多餘的脂肪而達到瘦身目的。

在這本書裡，我把脊骨神經醫學的觀念融入身體層面的瘦身法，教大家用正確的方法來做肌肉的鍛鍊、脊骨的調整和有效的呼吸，同時引介纖體枕全效瘦身操，設計「一週間速效纖體課程表」，幫助你按部就班雕塑理想的曲線和體態，不僅能提高基礎代謝率、消除贅肉，還能展現優美身形，締造進階效果。

身體層面的瘦身法絕對是符合邏輯的，按照書中的鍛鍊方式來做，也一定能達成想要的目標。可惜的是，身體層面只涵括了生理運作的部分，而且過去的研究曾經發現，原來人們瘦身時減掉的體重，其中肌肉就佔了50%，這顯示所謂的「瘦身法」，經常無法減掉「脂肪」，反而只是流失了肌肉和水分，也常讓人無法持續而放棄，或是感到灰心挫折。而餓的時候吃東西是人類的本能反應，為了維持身材而對抗原始的生理機制，對身體實在是一大難題。因此，如果能三管齊下，借助心理和靈性的力量來幫忙，更能把瘦身效益極大化。

心理層面：愉快面對每一天

現代人幾乎都有各自要面對的壓力，而且會從生活小細節慢慢累積，當瘦身也變成一種壓力時，就會想要逃避，也更容易灰心喪志。如果生活中還有其他壓力同時存在，更要學會適時釋放、因應自己的負面情緒，在瘦身、做運動、調整體態時才會更愉快、更開心。

●●● 學會跟自己相處

壓力大的人,最常碰到的問題就是忙得沒有時間處理壓力,也無暇和自己相處。然而,和自己相處是非常重要的課題,無論單身或已婚,都要學會享受獨處的片刻。亞洲女性的美德(也是缺點),就是習慣不停地付出、給予、犧牲,不是把時間心思都放在工作、事業上,就是忙著照顧伴侶、父母或小孩,反而忽略了自己的心理需求。

所以,記得每天都要找一段固定的時間和自己相處,**即使只有10分鐘也無妨,讓自己在一個不受干擾的空間裡,也許是洗澡時、就寢前,或是清晨起床之後,靜靜地感覺自己的存在──不是為了任何人而存在,而是為了自己的價值而存在。感覺自己的呼吸、吸進身體裡的空氣、周遭環境的聲音,舒服而溫柔地感受只有自己的當下。**

趁著這個安靜的片刻,你可以幫助自己釐清:**心裡真正需要什麼、想要什麼,已經擁有了什麼。**尤其是沒事空下來時就很想吃的人,表示心裡頭有一個部分始終沒有被填補到,才想透過「吃」來補足,學習找到自己的缺口,就可以減少想吃的欲望。有些人則是很想瘦身,卻一直覺得「沒時間」,或是還沒開始就認為「一定沒有用」!這也是想要逃避自己、逃避壓力的藉口,這時更需要學習面對自己。

心裡真正需要的、想要的,只有自己最清楚。如果你還不是很清楚,或只是灰心地覺得「需要的、想要的」也得不到,那就先從「已經擁有的」想起吧!想你擁有的健康、穩定的工作、溫暖的家庭、可愛的

孩子、貼心的朋友等，去感受那些握在手中的幸福感，也許想完了之後，你就會發現自己原來已經這麼幸福了，只要再做一點點改變，缺口就可以被填平呢！

睡前冥想10分鐘

心理會失衡，有很大一部分是和自己的「想法」有關。眼中看出去的世界很美好，是因為你的想法很美好；看見的世界很醜陋、很灰暗，則表示你的想法中累積了太多病毒，才會讓心也失去平衡。

如果，你在前一個課題中完全想不出自己擁有什麼，或是覺得自己擁有的都很糟糕，那就換個方式，在每晚睡前花10分鐘，來想想當天的生活中（一定要是當天），有哪些「感恩、滿足和快樂」的事吧！

- **想一件讓你覺得感恩的事：** 也許是走到站牌時公車剛好來了，今天可以提早下班，或是同事順道載你到捷運站。微不足道的小事也沒關係，從這些小事開始學習感恩，世界就會每天變得可愛一點點。
- **想一件讓你感到滿足的事：** 例如吃到一碗很美味的豆花，煮了一道自己覺得很成功的菜，或是孩子唱了一首新學的兒歌給你聽。
- **想一件讓你開心快樂的事：** 例如老闆誇獎你做事很有效率，或是覺得自己臀圍變小了，同事讚美你的新髮型很漂亮。

想完了這三件事再入睡，可以慢慢沖刷掉你對生活的不滿，也可以學著正面思考，讓心理的失衡慢慢平復。

靈性層面：維持正向的意念

大多數的人可能都無法想像，「靈性」和「瘦身」之間能有什麼樣的關連？不過，當你發現「心靈暗示」的力量之後，就不難理解了！

所謂的心靈暗示，就是當你起了某個念頭，把它放進潛意識之後，接下來發生的事，都會隨著你的意念實現。例如，早晨上班剛好錯過了公車；被路人擦身撞到；不小心把剛買的咖啡灑到衣服上……一天才剛開始就碰上這一連串不愉快，心裡不免會冒出「今天真倒楣」的念頭，而這個想法出現後，果然就一直倒楣下去了。

另一個常見的例子，則是在外頭的餐廳或小攤子吃飯，如果看到店家不夠衛生，也許是碗盤隨便洗、或把食材放在地上等，以前在這裡吃完都沒事，今天回家卻馬上拉肚子，就是心靈已經被暗示了：「今天吃了不乾淨、不衛生的東西。」聰明的身體於是馬上按照潛意識的指示，將毒素排出來。

心靈暗示是一股奇妙的力量，發現它之後，如果一大早就諸事不順，我會跟自己說：「今天的不愉快庫存都用掉了，接下來遇到的一定都是好事。」看到不夠衛生的店家，我則跟自己說：「不乾不淨吃了沒病。」給予自己足夠的力量和信心，保持正向思考，身體很奇妙地就會做出適當的反應，一切也會變得不同。當我們把心靈暗示運用在瘦身法時，過程也會變得更順利、更有效率。

••• 感恩眼前的食物

首先,在吃東西、喝飲料時,要感恩眼前的食物。這類似於基督徒的餐前禱告,即使你沒有宗教信仰,也可以**透過正向的心態,對這些供應給你能量的食物,做出讚美與感恩**。這樣在享受美食時,心情會更愉悅,**你所吃下肚的食物也會回應你的意念,讓你更強壯、更健康**。

再深入一點點去感恩,除了謝謝食物讓你身體健康、充滿活力之外,你也要有足夠的「意念」,相信這些食物不會讓你變胖!你要相信瘦身時所吃的食物,依然可以讓你的身材纖細、苗條,它們都會藉由人體聰慧的機轉,在身體需要能量的地方充分供給,不需要的能量、熱量和毒素,則能透過自然的新陳代謝排出體外。

許多人吃東西時,總是充斥著反覆掙扎、衝突的想法,例如:「這盤蛋糕看起來好好吃,可是吃完應該會胖兩公斤。」「這碗魯肉飯好香喔,不過這些油吃下肚,大概要跑操場好幾圈才消耗得掉。」「好想吃螃蟹,可是膽固醇超標了怎麼辦?」最後,帶著濃濃的罪惡感,一口一口把食物吃掉,吃飽之後,雖然口腹滿足了,心裡卻開始擔憂、不安、焦慮,覺得自己不該一時衝動,吃了「不該吃的食物」。

雖然瘦身時,飲食務必要做一定的控制,不過既然準備吃下眼前的食物了,就抱著感恩、滿足、愉悅的心情好好品嚐吧。我絕不是鼓勵大家大吃大喝,只要享受當下的快感,而是在吃東西時,要把負面的情緒拋開,感恩你所擁有的、可以得到的,這樣一定會比較開心!

不過，感恩時記得要使用「正向」的語言。帶著負面思考的「否定」詞句，像是「不要生病」、「不要變胖」、「不要拉肚子」等都含有「恐懼」的意念，就要避免使用喔！

對自己心靈喊話

此外，在決定瘦身之前，你也可以向自己「心靈喊話」：

從今天開始我要變瘦，所有我做的運動，都會讓我的肌肉變得緊實，我的線條變得纖細，我的體態變得優美，我的一切努力都會有所成效；而我所吃的東西，都只會讓我更瘦，沒有任何食物會讓我變胖！

就靈性層面來說，「意念」也是影響健康和體態的重要因素之一。我很相信「與身體對話、給身體力量」這樣的能力，無論做任何事情，當你的情緒、意念充滿著衝突，身體的反應就會跟著出現矛盾。瘦身時不管是吃東西、做運動、計算熱量，正向的心思意念才能讓過程變得良善而美好。

根據十幾年來學理與實務的經驗，加上這幾年輔導學員改善體態的過程，我發現身體的健康絕對需要「身、心、靈」三方面的平衡協調，瘦身也是如此。一旦下定決心想瘦身，就要學會「愛自己」，給自己足夠的信心，即使遇到一點挫折、覺得有些動作很吃力，還是突然懷疑自己會不會瘦不了的時候，都要提醒自己「轉念」，拋開那些負面的念頭。當身體聽見你的鼓勵，就會更有能量地找出肥胖的根源，自然可以克服瘦身時遭遇的困難。

瘦身不只是為了變美麗，更要讓自己變得更快樂、更健康。當你的體能循環良好運轉，姿勢體態顯得精神飽滿，面對生活和工作也自然更有活力、有效率；最後再持續用正向的意念和情緒鼓舞自己，你一定會成為內外兼備，身美心也美的「纖體美人」，祝福大家！

學習轉念，好好愛自己、愛這個世界，
你一定可以成為神采飛揚的纖體美人！

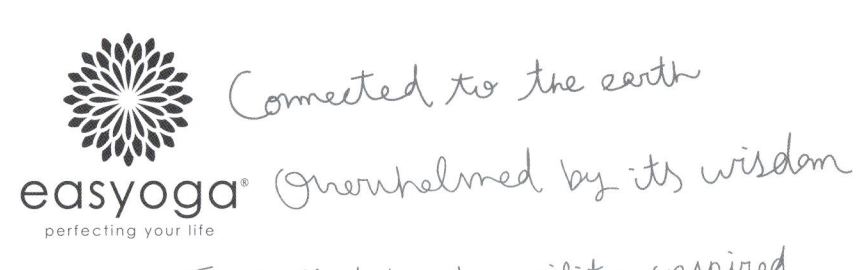

easyoga®
perfecting your life

Connected to the earth
Overwhelmed by its wisdom
Fulfilled by humility inspired
by possibilities

••• MAT | CLOTHING | BAG | BLOCK | STRAP | BALL | ACCESSORIES •••

華山生活概念館
100-58 台北市中正區八德路一段1號 · No. 1, Bade Road Sec. 1, Zhong Zhen District, Taipei 100
Tel +886-2-23211283　　Fax +886-2-23211730　　www.easyoga.com

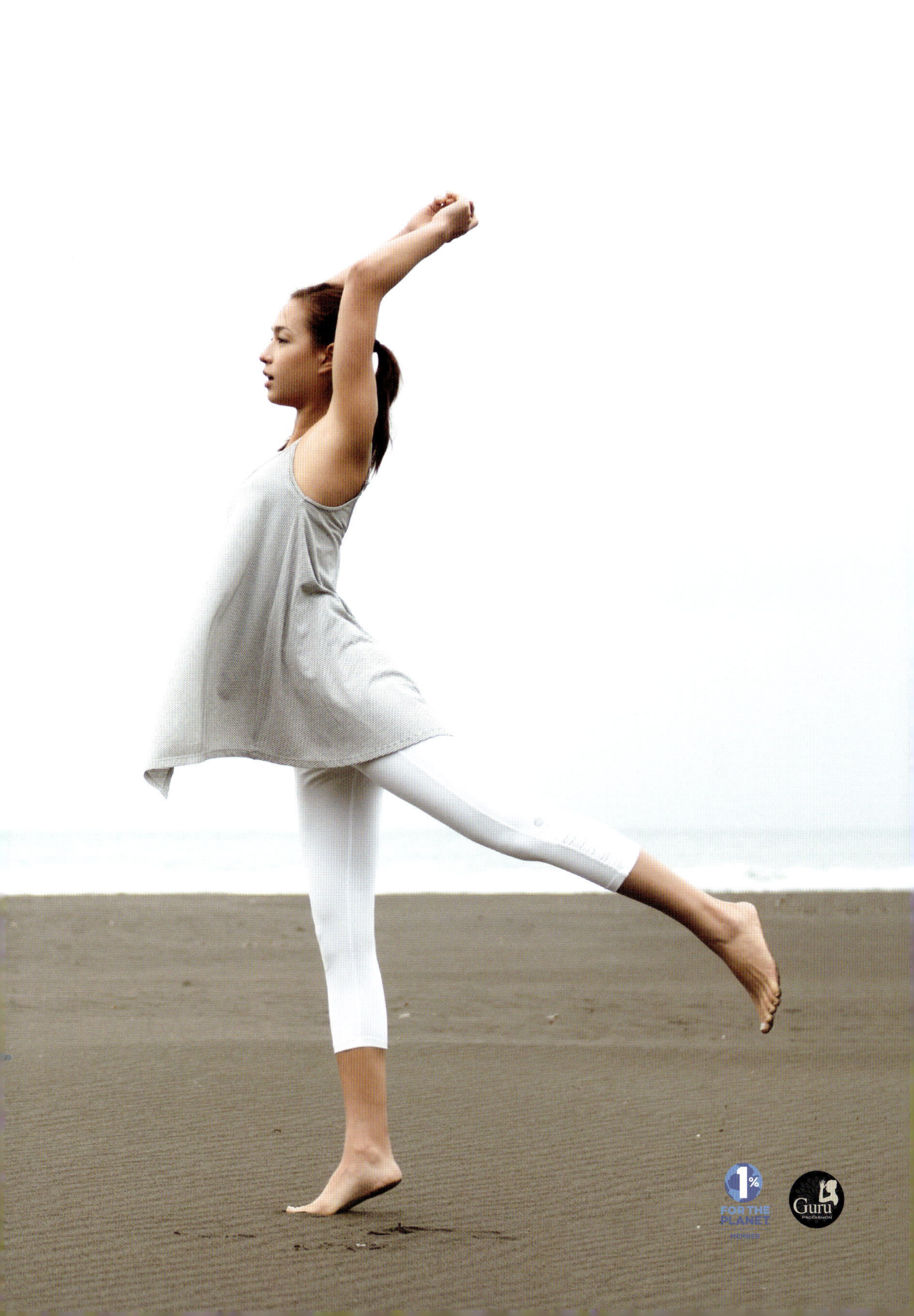

名醫圖解 012

骨盆枕美型體操
治療腰痛！伸展肩背！美腹瘦身！　　　　　　　　　0AHD0012

作　　　者	黃如玉
插　　　畫	小房子
攝　　　影	水草攝影
彩妝造型	Maggie
美術設計	比比司設計工作室
封面文案	藍尹君
副總編輯	郭玢玢
總 編 輯	林淑雯
社　　　長	郭重興
發行人兼出版總監	曾大福
出 版 者	方舟文化出版
發　　行	遠足文化事業股份有限公司
	231 新北市新店區民權路108-2號9樓
	電　　話｜（02）2218-1417
	傳　　真｜（02）2218-8057
	劃撥帳號｜19504465
	戶　　名｜遠足文化事業有限公司
	客服專線｜0800-221-029
	E-MAIL｜service@bookrep.com.tw
	網　　址｜http://www.bookrep.com.tw/newsino/index.asp
印　　製	成陽印刷股份有限公司　電話：（02）2265-1491
法律顧問	華洋法律事務所　蘇文生律師
定　　價	399元　特價：299元
初版1刷	2013年7月
二版10刷	2014年12月

缺頁或裝訂錯誤請寄回本社更換。
歡迎團體訂購，另有優惠，
請洽業務部（02）22181417#1121、1124
有著作權　侵害必究

國家圖書館出版品預行編目（CIP）資料

骨盆枕美型體操：治療腰痛!伸展肩背!美腹瘦身! /
黃如玉作. -- 初版. -- 新北市：方舟文化, 2013.07
面；　公分. --（名醫圖解；12）
ISBN 978-986-89321-8-0(平裝)

1.塑身 2.減重 3.健身操
425.2　　102011782

沿虛線剪下

廣　告　回　信
臺灣北區郵政管理局登記證
第　1　4　4　3　7　號
請直接投郵・郵資由本公司支付

23141
新北市新店區民權路108-2號9樓
遠足文化事業股份有限公司　收

請沿虛線對折裝訂後寄回，謝謝！

方舟文化

1週間腰圍速減**10** CM！

骨盆枕
美型體操

Staying **Slim** *and* **Firm** >>>

● 讀者意見回函

謝謝您購買此書。為加強對讀者的服務,請您撥冗詳細填寫本卡各資料欄,我們將會針對您給的意見加以改進,不定期提供您最新的出版訊息與優惠活動。您的支持與鼓勵,將使我們更加努力,製作更符合讀者期待的好作品。

● 讀者資料 請清楚填寫您的資料,以方便我們寄書訊給您。

姓　　名:＿＿＿＿＿＿＿＿＿　性別:□男　□女　年齡:＿＿＿＿＿
地　　址:＿＿＿＿＿＿＿＿＿＿＿＿＿＿＿＿＿＿＿＿＿＿＿＿＿＿＿
E-mail:＿＿＿＿＿＿＿＿＿＿＿＿＿＿＿＿＿＿＿＿＿＿＿＿＿＿＿＿
電　　話:＿＿＿＿＿＿＿　手機:＿＿＿＿＿＿　傳真:＿＿＿＿＿＿
職　　業:□1.學生　□2.製造業　□3.金融業　□4.資訊業
　　　　　□5.銷售業　□6.大眾傳播　□7.自由業　□8.服務業
　　　　　□9.軍公教　□10.醫療保健　□11.旅遊業　□12.其他
購書店:＿＿＿＿＿＿＿＿＿＿＿＿＿＿＿＿＿＿＿＿＿＿＿＿＿＿＿

● 購書資料

1.您通常以何種方式購書?(可複選)
　□1.逛書店　□2.網路書店　□3.量販店　□4.團體訂購
　□5.傳真訂購　□6.行銷人員推薦　□7.其他

2.您從何處得知本書?
　□1.逛書店　□2.網路blog　□3.報紙廣告　□4.廣播節目
　□5.電視節目　□6.書評　□7.親友推薦　□8.行銷人員推薦

3.您購買本書的原因?
　□1.對內容感興趣　□2.喜歡作者　□3.工作需要

4.您對本書評價:
　□1.非常滿意　□2.滿意　□3.尚可　□4.待改進

5.您覺得本書封面與內文設計如何?
　□1.非常滿意　□2.滿意　□3.尚可　□4.待改進

6.您希望看到哪一個類別的醫療書籍?
　□1.聰明醫療　□2.營養廚房　□3.名醫開講　□4.時尚醫美
　□5.心靈關係　□6.銀髮生活　□7.寵物健康

7.請問您對本書的建議:＿＿＿＿＿＿＿＿＿＿＿＿＿＿＿＿＿＿＿＿